本著作系：
1.四川省社会科学重点研究基地康巴文化研究中心项目
"藏彝走廊地区孤岛汉族与周围民族互动研究"（KBYJ2021B006）阶段性研究成果
2.四川区域文化研究中心项目"川渝地区汉族移民孤岛蚕丝文化研究"
（QYYJC2104）阶段性研究成果
3.重庆交通大学长江旅游学院项目"'一带一路'视域下
云南滇东汉族蚕丝文化旅游研究"（RWJT201810）阶段性研究成果

西南地区
传统汉族民居文化变迁研究
——以滇东、川西南、黔中屯堡为例

吴建勤　陈芊芊　连　彬●著

西南财经大学出版社

中国·成都

图书在版编目(CIP)数据

西南地区传统汉族民居文化变迁研究:以滇东、川西南、黔中屯堡为例/
吴建勤,陈芊芊,连彬著.—成都:西南财经大学出版社,2021.10
ISBN 978-7-5504-5079-0

Ⅰ.①西… Ⅱ.①吴…②陈…③连… Ⅲ.①汉族—民居—文化研究—
西南地区 Ⅳ.①TU241.5

中国版本图书馆 CIP 数据核字(2021)第 193539 号

西南地区传统汉族民居文化变迁研究——以滇东、川西南、黔中屯堡为例
XI'NAN DIQU CHUANTONG HANZU MINJU WENHUA BIANQIAN YANJIU
——YI DIAN DONG、CHUAN XI'NAN、QIAN ZHONG TUNBAO WEI LI
吴建勤 陈芊芊 连彬 著

责任编辑:王利
封面设计:墨创文化
责任印制:朱曼丽

出版发行	西南财经大学出版社(四川省成都市光华村街55号)
网 址	http://cbs.swufe.edu.cn
电子邮件	bookcj@swufe.edu.cn
邮政编码	610074
电 话	028-87353785
照 排	四川胜翔数码印务设计有限公司
印 刷	郫县犀浦印刷厂
成品尺寸	170mm×240mm
印 张	8.25
字 数	123 千字
版 次	2021 年 10 月第 1 版
印 次	2021 年 10 月第 1 次印刷
书 号	ISBN 978-7-5504-5079-0
定 价	58.00 元

前言

  明、清时期是我国西南地区社会发展进程中的重要时期，在这个时期，西南地区社会的民族分布、人口构成、生产关系、经济基础、政治体制、文化趋向都发生了划时代的历史变革，深刻影响明、清乃至近现代的西南社会。研究西南民族地区的移民历史，就不得不关注明、清时期。学界关于如何保护和发展地区和民族文化的研究成果颇为丰硕，给我们的研究提供了很多有益的参考，但针对某一个民族在不同地区的传统文化变迁情况、相互之间的差异及形成原因的研究仍十分薄弱，尤其是以田野调查为主要研究方法，对同一个民族在不同背景和环境下进行文化留存方面的比较，探讨其变迁特点及原因的研究尚少。本书以西南地区的宣威杨柳乡、安顺九溪村、冕宁宏模乡、木里项脚乡、盐源长柏乡五个调查点为研究对象，进行民居文化因子遗留的比较，探讨不同背景下文化留存变迁的特点及其原因，有助于弥补该领域研究的不足。

  本书综合运用历史学、历史地理学、人类学等学科的相关理论、方法和知识，将定性研究和定量研究相结合，同时注重田野调查，以深化对明至清以来五个调查点在民居文化因子文化变迁方面的认识和理解。

  本书对空间范围的界定主要有三个方面：

  （1）就贵州而言，以安顺为中心，方圆1 340平方千米的地区，东到平坝，西到镇宁，南到紫云，北到普定，即今天的安顺、平坝、普定、镇宁、长顺等县（市）内，屯堡文化展现出熠熠光辉，而安顺其他地方的屯堡文化特征没有展示出明显的个性，呈现出逐渐消失的趋势。

（2）就云南而言，今天的滇东地区主要包括：曲靖市（明代的曲靖府）、沾益区（明代的交水）、宣威市（明代的沾益州）、富源县（明代的平夷卫）、罗平县（明代的罗雄州）、师宗县（明代的师宗州）、陆良县（明代的陆凉州）以及东川区、会泽县（两地在明朝时划归四川）。

（3）就川西南而言，包括松潘厅、杂谷厅、邛州府、雅州府、宁远府、懋州府。

本书的研究重点集中在川西南、滇东以及黔中一带的汉族移民聚落。在讨论民居的地理分布规律的范围时，本书将其扩大到了整个云南、贵州和四川（含今重庆市区域），读者在阅读时应该注意到这一点。在这些聚落中，笔者选取了盐源长柏乡、木里项脚乡、冕宁宏模乡、安顺九溪村、滇东杨柳乡五个个案进行文化遗留方面的比较分析，探讨五个个案文化遗留的原因。

本书研究的时间范围为明、清两代，重点在明代，不过汉族文化变迁存在潜在的连续性，使笔者在分析一些具体问题的时候必须涉及明、清前后的一些情况，一些个案的研究甚至会更早。如移民的影响及移民服饰、民居演变的历史，研究时必须向前溯源。又如汉族与少数民族关系的研究，服饰、民居遗留方面的情况，甚至需要根据现代留存的情况来推测当时的情况，所以有必要将其研究推后到近现代，加之很多地方方志的编撰时间在民国时期，虽然记载了明、清两代的情况，但是已经涉及了民国时期。

本书选取民居方面进行探讨，缘于田野调查时这个方面的文化变迁较为显著，具有一定的代表性。从汉族移民孤岛文化遗留的变迁看，从五地汉族民居与少数民族民居的融合程度来看，滇东"一颗印"民居受少数民族民居的影响较小，相反，杨柳乡等普遍采用"一颗印"民居样式；安顺屯堡民居与周围少数民族民居"各自恪守"，互相之间几乎不受影响；木里项脚乡、盐源长柏乡汉族民居受当地少数民族影响，以木楞房为主；盐源、木里坝区民居则出现由木楞房体系向汉族民居体系过渡，呈现混搭局面。五个调查点的文化融合呈现出一定的规律性：①在借鉴少数民族文化因子上呈现不平衡性和递减性。木里项脚乡、盐源长柏乡汉族民居所受影响最大，冕宁宏模乡、宣威杨柳乡汉族民居所受影响次之，安顺九溪村汉族民居所受影响最小。②地域性特征。坝区及经济发达地区，即"汉多夷少"之地，汉文化因子被各少数民族大量借鉴，而在山区即"夷多汉少"之地，少数民族因子被汉族民居大量借鉴。③复杂性特征。因为居住地民族成分复杂、地形复杂、交通闭塞，文化交融更为深入。④个性化特征。汉族文化不是简单地借鉴周围民族文化，而是在不断的冲突和调适中，使之本土化。但是无论怎样发展，汉文化一直处于主导地位，汉文化和民族文化融合发展，共同形成今天的中华文明。

吴建勤

2021 年 9 月 1 日

目录

第一章 明清西南地区汉族移民的历史背景及分布 / 1

    第一节 明代西南地区汉族移民的历史背景及分布 / 1

    第二节 清代西南地区汉族移民的历史背景及分布 / 19

第二章 西南地区汉族移民文化孤岛概况 / 24

    第一节 滇东地区汉族移民文化孤岛概况

        ——以宣威杨柳乡为例 / 24

    第二节 黔中地区汉族移民文化孤岛概况

        ——以安顺九溪村为例 / 40

    第三节 川西南汉族移民文化孤岛概况

        ——以冕宁宏模乡、盐源长柏乡、木里项脚乡为例 / 49

第三章 西南地区汉族孤岛民居建筑的分布与变迁 / 62

    第一节 滇东汉族民居建筑的分布及其特征 / 62

    第二节 黔中汉族民居建筑的分布及其特征 / 72

    第三节 川西南汉族民居建筑的分布及其特征 / 79

第四章　三地汉族民居与周围少数民族民居融合的比较 / 87

第一节　滇东汉族民居与周围少数民族民居的融合 / 89

第二节　黔中汉族民居与周围少数民族民居的互动 / 93

第三节　川西南汉族民居与周围少数民族民居的融合 / 94

第四节　三地汉族民居与周围少数民族民居交融的特点 / 97

第五章　三地汉族传统民居文化变迁的原因分析 / 104

第一节　三地汉族民居的特色比较 / 104

第二节　三地传统民居的特征 / 108

第三节　对三地民居形成原因的讨论 / 112

参考文献 / 117

第一章 明清西南地区汉族移民的历史背景及分布

第一节 明代西南地区汉族移民的历史背景及分布

一、明代西南地区汉族移民的历史背景

云南、贵州、四川（在本书中，包括今重庆市区域）三地，处于中国西南部，自古以来渊源深厚，在地理、民族上浑然一体，各方面相似之处甚多。在研究西南民族地区明清移民孤岛文化这个问题之前，我们有必要对明代以来汉族移民进入西南的历史背景进行一个粗略探讨。

明初，西南地区和北方大部仍然控制在元宗室手中，云南被梁王把匝剌瓦尔密控制。朱元璋吸取蒙元由川入滇包抄南宋的历史教训，军事上加强对云南的重视，但苦于北方局势的牵制，朝廷多次派使诏谕云南，均无果而终。洪武十四年（1381年），傅友德亲率大军由辰、沅越过贵州，攻克普安、普定，进兵曲靖，于白石江击败梁王。明军乘胜追击，包围中庆城（今昆明市）。次年初（1382年1月6日），梁王把匝剌瓦尔密等被迫自杀。明军随即攻克大理，平定元朝在云南的残余势力，将云南正式纳入明朝版图。云南平定以后，明政府在洪武十五年（1382年）建立云南都指挥使司、布政使司、按察都指挥使司和府县制度，这是与内地完全一致的中央集权制度。由于云南的民族构成、社会现状、经济发展与内地存在诸多差异，明朝调整对云南的统治政策，采取了三种措施：第一，对云南的统

治范围进行重大调整，把原隶属云南的芒部、东川、普安、乌撒（今宣威市）、乌蒙等，分别划归四川和贵州，以此分散土司势力，减轻云南的统治压力；第二，根据各地区民族分布情况和社会经济发展情况，对云南各地实行不同的统治政策；第三，采取大规模移民实滇与军事镇压相结合政策，向云南大规模移民，以达到"以夏变夷"目的。这三种措施直接关系到明代云南汉族移民的大规模进入①，同时这也是云南移民政策与内地移民政策不同的深刻体现。

贵州地处西南要塞，为进入云南的咽喉，军事地位十分重要。欲长久控制西南，必先稳定云南；欲巩固云南，必先稳定贵州。洪武年间，傅友德、蓝玉、沐英率30万大军平定云南，朱元璋命令清除贵州不稳定因素，否则当地土司不尽服之。永乐年间，贵州单独置省，建立全国第十三个布政使司，保证了从湖南经贵州直达云南这一通道的顺畅，从而巩固了云南政局。明军从入贵州开始，在其辖区内，尤其是从湖南经贵州东、中、西部直达云南的这一通道上设置卫所，派重兵驻守，贵阳以西（今安顺）一带则为重中之重。

元朝末年，湖北人徐寿辉率领红巾军在长江中上游发动起义，湖广人大量逃亡四川以避难，此即为史书记载的"避兵入蜀""避乱入蜀"。广安《王氏谱系》述及"原出浙江萧山，世籍湖广黄州府麻城县（今麻城市）人。元末避乱入川，至广安州东汉石脑，遂家焉"②。徐寿辉被部下所杀，明玉珍在重庆称帝，湖广人逃亡四川，此即"江西填湖广""湖广填四川"之说的来源。明朝平定全蜀之后，将军事目标转向征服云南、贵州少数民族地区，此时湖广、四川经济战略地位增强，成为备兵取云南、贵州的后方基地，有计划地向四川移民遂成为军事所需③。

明清时期，缘于经营西南目标不同，明、清两代汉族移民的特点各有千秋。明代以军事移民为主线，清代以民屯为主线；明代移民以国家强制为特点，清代移民以自由迁移为特点；明代移民大部分在交通干道沿线或

---

① 陆韧. 变迁与交融——明代汉族移民研究 [M]. 昆明：云南教育出版社，2001：12-16.

② 周克坤. 广安州新志·氏族志 [M]. 广安：民国十六年（1927年）刻本.

③ 黄友良. 明代四川移民史论 [J]. 四川大学学报，1995（3）：69-75.

卫所定居，清代移民规模大大超过明代，清代移民分布范围也相应扩大，有的深入到少数民族地区，形成汉族与土著民族交错杂居的局面。

（一）军事移民

明朝军队平定云南，为了避免云贵地区再次成为中央权力的真空地带而重蹈历史覆辙，朱元璋决定把足够强大的军队留下，屯兵驻守，威慑四方。军事移民在三地均有体现。

明代，中央对云南进行的军事移民，构成明代云南汉族移民的主流①。朱元璋平定云南后，刚刚建立的云南地方政局不稳，经济落后，又面临着30万大军的粮草供给。这种情况在《云南机务抄黄》中有所体现："勒喻总兵官颍川侯、永昌侯……安陆侯知道：六月初八，贵州都司文书至京师，知盘江路尚未通行，兼说目下并无升合口粮，如此艰辛。符到之日，各处守城寨官军，若无粮用时，且将寨城不守，尽数出去会做一处，将那有粮蛮人都打了取粮用。休固守不肯挪移，久后军马饥荒了……"为了解决这些难题，沐英提出："云南地土甚广，而荒芜居多，宜置屯田，命军士开耕，以备储蓄。"②此建议得到朱元璋支持："屯田之政，可以纾民力，足兵食，边防之计，莫善于此。英之谋，可谓尽心矣。"③于是大规模的屯田由军队开始了。中央对云南军事移民主要有两个重要阶段：第一阶段，洪武十四年（1381年）至洪武十八年（1385年），30万征南大军的一部分随沐英镇守和初设卫所而形成的军事移民；第二阶段，洪武十九年（1386年）至洪武末年（1398年），明朝为平定云南各地反抗和初征麓川、充实云南人口而形成又一次大规模军事移民。史书及调查见到的家谱对此多有述及。正德年间《云南志》卷2"屯田"记载："云南屯田最为重要，盖云南之民多汉少夷，云南之地多山少田，云南之兵食无仰给。不耕而待哺，输之者必怨；弃地以资人，而得之者益强，此前代之所以不能安此土也。今诸卫错布于州县，千屯罗列于原野。收入富饶既定，以纾齐民之供億；营垒连绵，又足以防盗贼之出没，此云南屯田之所以其利最善而视内

---

① 陆韧. 变迁与交融——明代汉族移民研究 [M]. 昆明：云南教育出版社，2001：3.

② 明太祖实录：卷138 [M]. 洪武十四年（1381年）七月戊戌.

③ 明太祖实录：卷179 [M]. 洪武十九年（1386年）八月癸巳.

地相倍蓰也。又内地各卫俱二分操守八分屯种，云南三分操守七分屯种。"

军事移民以贵州居多，出土墓志就是明证。《贵州省墓志选集》第22号《明曾仲学墓志铭》："公之先世，籍楚黄薪州，高帝定天下，以良家子实戎行，于是占籍平溪，遂为平溪人。"第36号《杨春发墓志铭》："安顺杨氏，先世安徽人。始以前明指挥随军征入黔。"此外，在安顺、平坝、长顺、镇宁一带，至今还生活着明代屯军后裔，所在之地多以"屯""堡""哨"等命名，如汤官屯、吴家堡等。除史志记载外，屯堡后裔修撰、保留的家谱，同样印证了屯堡人的历史来源与明初贵州军事行动有着直接关系。据调查，屯堡人言及其祖先来源，多有"征南而来""骑着高头大马打仗而来"（表示其祖先社会地位较高）等说法。又如《郑氏族谱》载："始祖郑纲，字洪佐，福建长乐县（今长乐市）人。洪武时应君镇守南京应天府，后调江西沪宁县带兵镇守关隘。于十四年（1381年）随大军傅友德带兵入黔，史称'调北征南'。公任指挥。九月，公领部队随大军征云南，十五年（1382年）正月（1月6日），元梁王把匝剌瓦尔密走普定自杀，云南平。明廷下令，征南大军大部留屯，以控制西南边陲地区。公留屯驻防贵州。十七年（1384年），傅友德报准设卫制治后，公为百户之职。留屯明军，系军事编制，平时为民，战时出征，自给自足，均冠以'军民'或'军户'……"据《汪氏族谱》（家传抄本）载："……太唐救封衍泽王伟俊相公……后因洪武调北征南，留守普定卫，世袭前所第一百户指挥。始祖考公讳燦，系又相公支脉，于安顺府城内青龙山建祠奉祀。"[1]可见，屯堡人的历史形成与明初中央政府在贵州的军事行动有着直接关系。

明代进入四川的军事移民主要集中于洪武年间，大部分以军屯形式进入。规模较大的有六次，记录如下：

（1）洪武四年（1371年）正月，傅友德率河南、陕西步骑从陕西兴元起兵，攻克绵州、汉州、成都、阶州、文州、彰明。同年正月，征西将军汤和、廖永忠、周德兴率京卫、荆、湘舟师溯江克瞿塘关、夔州、重庆；四月，邓愈率湖广兵自襄阳由陆路抵瞿塘[2]。

（2）明洪武十四年（1381年），傅友德等征服云南，回军途中攻克乌

---

① 安顺九溪村，汪氏族谱.
② 明太祖实录：卷60［M］.洪武四年（1371年）正月丁亥.

撒、东川、建昌、芒部"诸蛮"，留军屯守。洪武二十五年（1392年）平定建昌卫指挥使月鲁铁木尔叛乱，设置建昌、苏州二军民指挥使司及会川军民千户所，调京卫及陕西兵15 000余人驻守于此①。

（3）明洪武十一年（1378年），丁玉攻取松潘，设置松、潘、茂三州卫所，威州、叠溪二千户所。明成化十四年（1478年）六月，四川巡抚张瓒平定松潘"诸蛮"，拓展茂州城池，增设墩、堡，并留军屯守②。

（4）明万历二年（1574年），平定"都掌蛮"，设置建武守御千户所，辖泸州卫中、前二千户所全伍官兵屯守③。

（5）明万历二十七年（1599年），总督李化龙率四川、贵州兵24万人平定播州土司杨应龙叛乱，在其地设置遵义、平越二府④。

（6）天启三年（1623年），四川兵攻取永宁，徙置永宁卫及48屯，留军戍守⑤。

（二）行政移民

除军事移民外，还有官府组织的行政移民，此类移民与民屯制度密切相关。民屯就是封建国家有目的地组织一些民间劳动力，移居到一定地区开垦耕种⑥。笔者根据劳动者来源将其分为三类：一为狭乡之民；二为招募移民；三为罪囚移民。

明初江南一带人口稠密，云南地广人稀，明政府迁徙大量汉民入滇，这方面记载比比皆是。倪蜕《滇云历年传》卷6记载，洪武十七年（1384年）"移中土大姓实云南"。清代方志也多有类似记载。笔者考察的宣威市，明初"盖太祖设法徙民，苏松嘉杭一带土著，除移田临濠外，来滇者实属不少"⑦。其他地方也大致如此：滇中武定府"武属多僰爨诸蛮夷所居，明初役江南北富户实武定、永昌，汉人稍来"⑧；滇西楚雄府"自明洪

① 明史：卷126. 传·沐英 [M].
② 顾炎武. 天下郡国利病书：第19册 [M]. 上海：上海古籍出版社，1912：1181.
③ 严希慎. 江安县志：卷4. 外记 [M]. 江安：民国十二年（1923年）刻本.
④ 明史：卷228. 传·李化 [M].
⑤ 明史：卷249. 传·朱燮元 [M].
⑥ 张忠民. 明代洪武年间凤阳地区的民屯 [J]. 中国史研究，1985（1）.
⑦ 宣威县志稿：卷8. 民族 [M]. 宣威：民国二十三年（1934年）铅印本.
⑧ 武定直隶州志：卷2. 户口 [M]. 乾隆末年抄本.

武十六年（1383 年），傅、沐二公平定后，流兵镇守，太祖又徙江南闾右以居之"①；滇南临安府"明初徙江左族姓于其间，风会日开，人才辈出"②。又有《滇粹·云南世守黔宁王沐英传附后嗣略》提及洪武二十六年（1393 年）"英还滇，携江南江西人民二百五十余万入滇，给予籽种、资金，区别地亩，分布于临安、曲靖、云武、姚安、大理、鹤庆、永昌、腾冲各郡县……春镇滇七年，再移南京人民三十余万（入云南）"。综上所述，云南汉族移民大多来自"江南""江左""苏松嘉杭"等地，即为如今长江中下游广大地区，特别是"苏松嘉杭""江南"为明代移民的主要输出地③。民国年间《宣威乡土志》第 28 卷《汉人》记载："初州无汉族，僰人于前安，夷盘之于后。洪武中置乌撒卫所后，始徙江南大姓屯田于此……"提及的就是从地少人多的"狭乡"向地广人稀的"宽乡"移民，为明初典型的"迁徙就宽乡"性质移民。官府组织民屯移民数在史籍中没有确实的资料可考，尤中认为："从各方面来看，明代通过民屯方式迁入云南的汉族人口，较之以军屯方式移入的少不了多少。"④

四川除军事移民之外，还有大规模的行政性移民，虽不见明代史籍记载，但是可从各地人口数量的猛烈增长看出端倪，详见表 1-1。四川行政性移民高潮主要出现在洪武年间，移民主要来自湖广，这在内江、广安、忠县三县的方志中都有所记载。黄友良在《明代四川移民史论》⑤ 中指出，元末明初移民到忠县的姓氏，以湖广籍为多。据统计，湖广籍共有 141 姓，占总数的 87.57%。从三县移民时间来看，元末移入的较少，大部分是明初移入的。四川的行政移民分布主要集中在四川盆地及周围丘陵低山地区、长江流域沿岸地区，大都是经济和农业条件比较好的地区，目的是恢复经济。

---

① 中国方志丛书. 楚雄县志：卷 2. 地理 [M]. 宣统二年（1910 年）抄本影印.

② 临安府志：卷 2·图说 [M]. 嘉庆八年（1803 年）补刻本.

③ 陆韧. 变迁与交融——明代汉族移民研究 [M]. 昆明：云南教育出版社，2001：74-75.

④ 尤中. 云南民族史 [M]. 昆明：云南大学出版社，1994：300-358.

⑤ 黄友良. 明代四川移民史论 [J]. 四川大学学报，1995（3）：69-75.

表 1-1 明代四川人口统计

年代	户数	人口数	资料来源
洪武五年（1372 年）	84 000	——	《明太祖实录》卷 72
洪武十四年（1381 年）	214 900	1 464 515	《明太祖实录》卷 140
洪武二十四年（1391 年）	232 854	1 567 654	《明太祖实录》卷 214
弘治四年（1491 年）	253 803	2 598 460	《明史·地理志》
万历六年（1578 年）	262 694	3 102 073	《明史·地理志》

资料来源：黄友良. 明代四川移民史论 [J]. 四川大学学报，1995（3）：69-75.

贵州也有类似记载。民国年间《续修安顺府志》对明代入黔移民有"调北征南""调北填南"之说，提及洪武时"徙江南巨族号称二十万人入云贵两省，是为今日云贵两省诸氏族之始祖"。清代方志、家谱也多有类似记载。《九溪村志》记载："谭姓，原籍四川彭水干沟鸡场，始祖谭义武于明洪武二十二年（1389 年）调北填南入黔。黎姓，原籍江西吉安府，始祖黎玉德于明洪武二十二年（1389 年）调北填南入黔。袁姓，原籍不详，始祖袁再兴于明洪武二十二年（1389 年）调北填南入黔。邓姓，原籍湖北南阳，始祖邓福元于明洪武十四年（1381 年）奉调征南入黔。瞿姓，原籍不详，始祖瞿宏道于明洪武二十二年（1389 年）调北填南入黔。"① 值得注意的是，明代贵州民屯数量很少，《明实录》对民户迁入情况也记载不详。

（三）商业移民

商人招致外地人屯垦定居形成移民，就是商屯，是全国性自发移民的重要部分。明代商屯随着中盐制度的实施而兴起，并随着中盐制度的改变而趋于没落。《明史·实货志》记载："明初，募盐商于各边开中，谓之商屯。"故"开中"是商屯的核心。"开中之法"是朝廷号召商人纳米于边卫仓储，政府发给商人纳粮凭证及应支盐引票据。商人以此为据，到盐运司照数支盐，贩卖取利。实际上是朝廷利用盐商，通过"入粟中盐"方式，将粮食运往边地卫所和军事重地，减轻民运之不足，以满足军储之需要。明初至弘治 100 余年间，大力实行"召商输粮而与之盐"办法，借助

—————————————

① 宋修文. 九溪村志（内部资料）[M]. 1989：53-55.

盐商解决边地军储粮食问题①。例如，洪武六年（1373 年）二月壬辰（二十日），贵州卫言："岁计军粮七万余石，本州及普宁、播州等处发征粮一万二千石，军食不敷，宜募商人于本州纳米中盐以给军食。"从之。同年八月辛巳（十二日），四川按察使司佥事郑思先言："重庆、夔州漕运粮储至成都，水路峻险，民力甚艰，宜令卫兵于近城屯种，及减盐价，令商人纳米以代馈运之劳。且贵州之粮令重庆人民负运，尤为劳苦，若减盐价，则趋利者众，军饷自给。"② 皆从之。凡云南纳米六斗者，给淮盐二百斤；米五斗者，给浙盐二百斤；米一石者，给川盐二百斤；普安纳米六斗者，给淮、浙盐二百斤，米二石五斗者，给川盐二百斤；普定纳米五斗者，给淮盐二百斤；米四斗者，给浙盐二百斤；川盐如普安之例。在利益驱使下，商人不畏山高路险，将米粮运至边远前线，这样既节省了国家行政成本，又减轻了当地民众的税赋负担。于是出现了普安军民指挥使周骥提及的情形："自中盐之法兴，虽边远在万里，商人图利运粮时至，于军储不为无补。"③大量商人参与盐引开中的商业行为，不少商人甚至一直跟随军队，同兵部有密切的商业往来。这些人中的一部分因为婚姻或别的原因而逐步在贵州定居，成为移民的一部分。

此外，还有以其他方式进入的移民。①政治移民，包括在黔地任职和遭受贬谪入黔的官吏。洪武年间，山东人孔文山，以知府谪守贵阳，后来病逝于贵州，其子孙遂安家于此。嘉靖《贵州通志》述及，清平卫、乌撒卫、新添卫等地，"皆江南迁谪""皆中州迁谪""迁自中州"。知名人士王守仁（王阳明）就是其中之一。②自发流民，即民间因为各种原因产生的自发流民。如黔东北部思南府，永乐以来，"土著之民无几而四方流寓者多"，流寓者以四川、陕西、江西人为众。尤其思南因地接川东重庆、播州、酉阳等处，"每遇荒年，川民流入境内就食，正德六年（1511 年），流民入境数多"。嘉靖时，入境流民更是"络绎道途，布满村落，已不下

---

① 陆韧. 试论明代云南非官府组织的自发移民 [J]. 学术探求，2000（2）：60-63.

② 贵州民族研究所. 明实录·贵州资料辑录 [M]. 贵阳：贵州人民出版社，1983：263.

③ 贵州民族研究所. 明实录·贵州资料辑录 [M]. 贵阳：贵州人民出版社，1983：264.

数万"，一些土著大姓将空闲山地招佃安插据为己业，有的一家跨有百里之地，吸引众多流移之人，"亲戚相招，缱属而至，日积月累，有来无去"。一些逃亡罪犯也从各地涌至思南，"四方流冗、亡赖匿命，此焉逋薮"①。

二、明代西南地区汉族移民的分布

明代西南地区汉族移民定居区的分布、形成与西南军事移民、明代西南卫所设置有密切关系。明代西南卫所初建于洪武十五年（1382 年）至明朝中叶，卫所的各种规章制度基本建立起来。随着卫所建置的逐渐完善，卫所分布也日趋合理，西南地区汉族移民定居区也基本形成。因此，我们通过分析明代中期以后西南卫所的建置和分布情况，可基本弄清明代西南汉族移民定居区的分布情况。

（一）明代云南汉族移民的分布及其特点

明朝为了巩固统一，维持边疆稳定，采取了两大措施来确保这一目标的实现。第一，在云南建立和完善卫所建制，将数十万官军组织到卫所建制之下，分布于各军政中心区、交通干线及边防前线，镇戍控扼。"既平滇宇，用夏变夷，神谟睿算，迥出千古。于是卫、御、所东西星列。此不惟开疆辟土，垂示永略；其弹压周密，殆雄视百蛮矣。"② 第二，采用卫所屯田与军事镇戍相结合的方针，"新附州城，悉署衙府，广戍兵，增屯田，以为万世不拔之计"。洪武中后期，云南汉族军事移民，通过定居屯田，逐步实现从流动作战到定居生产的根本转变，成为保卫边疆的主力军。

明代卫所的建立，皆有固定驻地，没有朝廷命令，不能移动。只有发生战争，卫所军士才能奉命从征，战事结束后必须返回原卫所。对移民定居区的考察，可以以千户所设置为依据。明代中期云南都指挥使司领有20 卫、3 御、17 个直隶千户所，共有 131 个千户所建制。汉族军事移民定居区就是各卫所的所在地。明代云南形成了四个较大的移民定居区，详见表 1-2。

---

① 明太祖实录：卷 7 · 拾遗志 [M].
② 天启滇志：卷 20. 艺文志 [M]. 刘文征，古永继，点校. 昆明：云南教育出版社，1991：260.

表 1-2　明代云南境内卫所统计

名称	卫名（直隶千户所名）	总数
滇中区	云南前卫（5 个千户所）、云南中卫（6 个千户所）、云南后卫（5 个千户所）、云南左卫（6 个千户所）、云南右卫（6 个千户所）、广南卫（4 个千户所）及安宁、宜良、杨林堡、武定、木密关、易门、凤梧等直隶都指挥使司的千户所	共 39 个千户所
滇东区	越州卫（2 个千户所）、平夷卫（2 个千户所）、陆凉卫（5 个千户所）及马隆等直隶都指挥使司的千户所、曲靖卫（6 个千户所）	共 16 个千户所
滇西区	楚雄卫（5 个千户所）、洱海卫（6 个千户所）、蒙化卫（8 个千户所）、澜沧卫（5 个千户所）、景东卫（5 个千户所）、大理卫（10 个千户所）、大罗卫（2 个千户所）、腾冲卫（5 个千户所）、永昌卫（10 个千户所）、鹤庆御（2 个千户所）、永平御（2 个千户所）及姚安、姚安中、镇安、镇姚、定远、定边、定雄等直隶都指挥使司的千户所	共 67 个千户所
滇南区	临安卫（5 个千户所）、通海御（2 个千户所）及十八寨、新安等直隶都指挥使司的千户所	共 9 个千户所

资料来源：陆韧. 明代汉族移民定居区的分布与拓展［J］. 中国历史地理论丛，2006（7）：74-83.

　　明代云南卫所建置和汉族移民在云南四个大区的分布很不平衡，体现了明朝廷守卫军政重地、控扼交通干线和加强边疆防务的目的。汉族移民及卫所的建置主要分布于云南靠内地各府县及中心地区，又有向外扩展、向少数民族地区深入的特点。滇中之地移民人口最多，屯田开发力度最大，为汉文化最为发达地区，即云南府、澄江府、寻甸府和武定府四府范围内，集中了 39 个千户所，充分体现了明王朝对云南军政中心重点开发、强力镇戍的策略①。

　　移民分布最广的为滇西区，目的是控制滇西少数民族和维护边疆安定。明政府在滇西设置楚雄府、姚安府、蒙化府、大理府、景东府、永昌府及北胜州 6 府 1 州 67 个千户所，约占明代云南三分之一的面积。此外，

---

　　① 陆韧. 明代汉族移民定居区的分布与拓展［J］. 中国历史地理论丛，2006（7）：74-83.

还在滇西移民区设置了几个次中心区，目的是在移民分布广阔的滇西地区，设置几个中心点，互为犄角之势，联系紧密，构成滇西防务体系。滇西有三个中心区：一为大理府地区，集中大理、洱海、大罗3卫及鹤庆御共20个千户所力量，作为控制滇西军政中心和联系边防的交通枢纽；二为永昌、腾冲边防前线，布有永昌卫、腾冲卫和永平御共17个千户所；三为澜沧卫5个千户所，层层深入滇西北，对控制滇西北发挥了重要作用。滇东区卫所布局基本上沿普安路、乌撒路两大交通干线展开，目的是护卫中央王朝与云南联系的两条交通干线。滇南移民区的设置主要是为了管理滇南广大少数民族地区和边疆防御。

综合而言，明代云南汉族移民定居区分布与卫所的设置关系紧密，形成四大分布区，各地区由于镇戍任务和军事作用不同，移民人口分布也不平衡，但是双方都相互联系，形成整体。明代云南汉族移民定居区主要集中于云南靠内地的19府2州中的12府1州，在这些地方定居的汉族人口首次超过少数民族人口，渐渐演变成以汉文化为主导的社会①。

（二）明代贵州汉族移民的分布及其特点

明军从入黔开始，就在从湖南经贵州东、中、西部直达云南的通道沿线设置卫所，派重兵防守，自永乐时单独设省后，更进一步加强了对贵州的控制。有明一代，贵州境内先后设置贵州卫、贵州前卫及永宁、普定、平越、乌撒、普安、赤水、威清、兴隆、新添、清平、平坝、安庄、龙里、安南、都匀、毕节、敷勇、镇西20卫，加上当时地属于贵州而兵辖于湖广都指挥使司的偏桥、平溪、镇远、清浪、铜鼓、五开及万历时于遵义所设威远卫，共27卫。各卫下设所、屯、堡等，遍布各地，形成大大小小的军事据点。卫所大部分集中于自湖南经贵州出入云南一线的交通要道及附近城镇，其中安顺一带为重中之重。这在《明实录》和今天贵州地名录中都有所体现。详见表1-3明代贵州境内卫所统计。

① 陆韧. 明代汉族移民定居区的分布与拓展 [J]. 中国历史地理论丛, 2006 (7): 74-83.

表 1-3　明代贵州境内卫所统计

都指挥使司	卫名（直隶千户所名）	治所	置卫（所）的时间	领千户所名
贵州都指挥使司	贵州卫	今贵阳市城区	洪武四年（1371 年）	领左、右、中、前、后 5 千户所
	贵州前卫	今贵阳市城区	洪武二十四年（1391 年）	领左、右、中、前、后 5 千户所
	威清卫	今清镇市城区	洪武二十三年（1390 年）	领左、右、中、前、后 5 千户所
	镇西卫	今清镇市卫城镇	崇祯三年（1630 年）	领威武、赫声、柔远、定南 4 千户所
	敷勇卫	今修文县扎佐镇	崇祯三年（1630 年）	领於襄、濩灵、修文、息烽 4 千户所
	平坝卫	今平坝县城	洪武二十三年（1390 年）	领左、右、中、前、后 5 千户所
	普定卫	今安顺市城区	洪武十五年（1382 年）	领左、右、中、前、后 5 千户所
	安庄卫	今镇宁县城	洪武二十二年（1389 年）	领左、右、中、前、后 5 千户所
	安南卫	今晴隆县城	洪武十五年（1382 年）置尾泗卫，寻废，洪武二十二年（1389）复置，更名"安南卫"	领左、右、中、前、后 5 千户所
	普安卫	今盘县城关镇	洪武十五年（1382 年）	领左、右、中、前、后、中左、中右、安南、安笼、乐民 10 千户所
	乌撒卫	今威宁县城	洪武十五年（1382 年）	领左、右、中、前、后 5 千户所
	毕节卫	今毕节县城	洪武十五年（1382 年）置乌蒙卫，洪武十七年（1384 年）移治毕节，改名为"毕节卫"	领左、右、中、前、后 5 千户所
	层台卫	今毕节市层台镇	洪武二十年（1387 年）置，洪武二十七年（1394）废	无

表1-3（续）

都指挥使司	卫名（直隶千户所名）	治所	置卫（所）的时间	领千户所名
	赤水卫	今毕节市赤水市	洪武二十一年（1388年）	领左、右、中、前、后、白撒、摩泥、阿落密8千户所
	永宁卫	今四川省叙永县城	洪武四年（1371年）	领左、右、中、前、后5千户所
	普市千户所	今龙里县城	洪武二十三年（1390年）置所，直属于贵州都指挥使司	领左、右、中、前、后5千户所
	新添卫	今贵定县城	洪武二十三年（1390年）	领左、右、中、前、后5千户所
	平越卫	今福泉县城	洪武十五年（1382年）	领左、右、中、前、后5千户所
	兴隆卫	今黄平县城	洪武二十二年（1389年）	领左、右、中、前、后5千户所
	黄平千户所	今黄平县旧州镇	洪武十一年（1378年）置所，洪武十五年（1382年）正月升卫，闰二月又降为所，直属于贵州都指挥使司	无
	清平卫	今凯里市清平镇	洪武二十三年（1390年）	领左、右、中、前、后及香炉山6千户所
	都匀卫	今都匀市城区	洪武二十三年（1390年）	领左、右、中、前、后5千户所
湖南都指挥使司	镇远卫	今镇远县城	洪武二十二年（1389年）	领左、右、中、前、后5千户所
	平溪卫	今玉屏县城	洪武二十三年（1390年）	领左、右、中、前、后5千户所
	清浪卫	今镇远县青溪镇	洪武二十三年（1390年）	领左、右、中、前、后5千户所
	偏桥卫	今施秉县县城	洪武二十三年（1390年）	领左、右、中、前、后5千户所

表1-3(续)

都指挥使司	卫名(直隶千户所名)	治所	置卫(所)的时间	领千户所名
	五开卫	今黎平县城	洪武十八年(1385年)	领黎平、中潮、新化亮寨、新化屯、龙里5千户所
	铜鼓卫	今锦屏县城	洪武三十五年(1402年)置卫,建文元年(1403年)废,永乐四年(1407年)复置	领左、右、中、前、后5千户所
	古州卫	无	洪武二十五年(1392年)	无
	靖州卫	今湖南省靖县	洪武三年(1370年)	所属天柱千户所在今贵州省内
四川都指挥使司	威远卫	今遵义市	万历二十九年(1601年)	无

资料来源:贵州省地方志编纂委员会.贵州省志·地理志[M].贵阳:贵州人民出版社,1985:57.

从表1-3明代贵州卫所的分布来看,贵州的汉族移民分布具有三个特点:第一,贵州卫所分布呈线状分布,主要集中于自湖广经贵州出入云南的交通要道附近,主要位于交通驿道上,目的是保障驿路和信息畅通,导致这些地区"汉多夷少",其他地区则为"汉夷杂处";第二,位于重要的军事要塞和战略重地,便于作战和相互保护;第三,汉族移民的居住地址选址在水源充足之地,自然条件优越。汉族聚落是在巩固和强化中央王朝的前提下建立的,无形中织成了一张"进可攻,退可守"的网,从而控制着这一地区的资源权、信息权、生产权和商务权。

（三）明代四川汉族移民的分布及其特点

明代四川汉族移民定居区的分布与四川军事移民、卫所设置也有很大关系。为此,笔者统计了明代四川卫所的分布情况,详见表1-4和表1-5,并通过分析明代中期以后四川卫所的建置及其分布情况,基本弄清了明代四川汉族移民定居区的分布情况。

表 1-4　明代四川（含重庆市）内地卫所统计

卫所名	设置年代	隶属	备注
成都左卫	洪武四年(1371年)九月	四川都指挥使司	
成都右卫	洪武四年(1371年)九月	成都卫	
成都中卫	洪武四年(1371年)九月	成都卫	
成都后卫	洪武四年(1371年)九月	成都卫	
成都前卫	洪武四年(1371年)九月	成都卫	
威州守御千户所	洪武十一年(1378年)	成都卫	
灌县守御千户所	洪武初年(1368年)	成都卫	洪武十年(1377年)前已置
宁川卫	洪武十一年(1378年)四月	四川都指挥使司	
茂州卫	洪武十一年(1378年)	四川都指挥使司	
重庆卫	洪武四年(1371年)四月	四川都指挥使司	置守御千户所
左千户所	洪武四年(1371年)四月	重庆卫	
右千户所	洪武四年(1371年)四月	重庆卫	
中千户所	洪武四年(1371年)四月	重庆卫	
前千户所	洪武四年(1371年)四月	重庆卫	
黔江守御千户所	洪武十一年(1378年)九月	重庆卫	
忠州守御千户所	洪武十二年(1379年)闰五月	重庆卫	初隶瞿塘卫
叙南卫	洪武四年(1371年)九月	四川都指挥使司	置守御千户所
左千户所	洪武四年(1371年)九月	叙南卫	洪武十年(1377年)前已置,下同
右千户所	洪武四年(1371年)九月	叙南卫	
中千户所	洪武四年(1371年)九月	叙南卫	
泸州卫	洪武二十一年(1388年)十月	四川都指挥使司	
左千户所	洪武二十一年(1388年)十月	泸州卫	
右千户所	洪武二十一年(1388年)十月	泸州卫	
中千户所	洪武二十一年(1388年)十月	泸州卫	
前千户所	洪武二十一年(1388年)十月	泸州卫	
利州卫	洪武末年(1398年)	四川都指挥使司	
左千户所	洪武末年(1398年)	利州卫	
右千户所	洪武末年(1398年)	利州卫	
中千户所	洪武末年(1398年)	利州卫	
保宁守御千户所	洪武四年(1371年)九月	利州卫	初隶四川都指挥使司
广安守御千户所	洪武初年(1368年)	四川都指挥使司	洪武十年(1377年)前已置

资料来源：黄友良. 明代四川移民史论［M］. 四川大学学报，1995（3）：69-75.

表 1-5 明代四川（含重庆市）边地卫所

卫所名	设置年代	隶属	备注
建昌卫军民指挥使司	洪武十五年(1382 年)	四川行都指挥使司	洪武二十七年(1394 年)隶四川行都指挥使司
守御礼州后千户所	洪武中	建昌卫	
守御打冲河中前千户所	洪武二十七年(1394 年)	建昌卫	
守御德昌千户所	洪武十五年(1382 年)	建昌卫	
守御礼州中中千户所	洪武十五年(1382 年)	建昌卫	
守御礼州中前千户所	洪武十五年(1382 年)	建昌卫	洪武二十一年(1388 年)置苏州卫,洪武二十七年(1394年)隶四川行都指挥使司
宁番卫军民指挥使司	洪武二十一年(1388 年)	四川行都指挥使司	
守御冕山桥后千户所	正统七年(1442 年)	宁番卫	
守御礼州中千户所	洪武中	宁番卫	
中左千户所	建文四年(1402 年)	宁番卫	
中右千户所	建文四年(1402 年)	宁番卫	
中前千户所	建文四年(1402 年)	宁番卫	
中后千户所	建文四年(1402 年)	宁番卫	
中中千户所	建文四年(1402 年)	宁番卫	洪武二十五年(1392 年)置卫,洪武二十七年(1394 年)隶四川行都指挥使司
会川卫军民指挥使司	洪武十五年(1382 年)	四川行都指挥使司	
守御米易千户所	洪武二十五年(1392 年)	会川卫	
前千户所		会川卫	洪武二十年(1394 年)隶四川行都指挥使司
盐井卫军民指挥使司	洪武二十六年(1393 年)六月 洪武二十五年(1392 年)	四川行都指挥使司	
打冲河守御中左千户所	建文四年(1402 年)十月	盐井卫	
中右千户所	建文四年(1402 年)十月	盐井卫	
中前千户所	建文四年(1402 年)十月	盐井卫	
中后千户所	建文四年(1402 年)十月	盐井卫	洪武二十七年(1394 年)隶四川行都指挥使司
中中千户所	洪武二十五年(1392 年)十月	盐井卫	
越西卫军民指挥使司	洪武中 建文四年(1402 年)十月	四川行都指挥使司	初隶宁番卫,弘治中隶四川行都指挥使司
镇西后千户所	建文四年(1402 年)十月	越西卫	洪武二十年(1387 年)并松潘二卫
左千户所	洪武十一年(1378 年)	越西卫	
右千户所		越西卫	
松潘卫	宣德四年(1429 年) 洪武四年(1371 年)九月	四川都指挥使司	
小河守御千户所	洪武四年(1371 年)九月	松潘卫	
青川守御千户所	洪武五年(1372 年)	四川都指挥使司	洪武十七年(1377 年)前已置,凡十百户所
雅州守御千户所		四川都指挥使司	
不周门守御百户所	洪武初	雅州千户所	
善所、张所、泥山、天全、思径、乐蒿、始阳、乐屋、在城、灵关百户所		天全六番招讨司	初隶茂州卫,洪武二十五年(1392年)隶四川行都指挥使司
黎州守御军民千户所	万历二十四年(1596 年)		

表1-5(续)

卫所名	设置年代	隶属	备注
大渡河守御千户所	洪武十一年(1378年)	四川都指挥使司	正统三年(1438年)改隶贵州都指挥使司
叠溪守御军民千户所	万历二年(1574年)	四川都指挥使司	
建武守御千户所	洪武四年(1371年)	四川都指挥使司	永乐中隶贵州都指挥使司
永宁卫	洪武十五年(1382年)	四川都指挥使司	后改隶贵州都指挥使司
普定卫	洪武二十一年(1388年)	四川都指挥使司	
乌撒卫	洪武二十一年(1388年)	四川都指挥使司	
守御七星关后千户所	洪武二十一年(1388年)	四川都指挥使司	
赤水卫	洪武二十二年(1389年)	乌撒卫	
摩尼千户所	洪武二十二年(1389年)	四川都指挥使司	洪武十四年(1381年)底隶湖广都指挥使司
白撒千户所	洪武二十七年(1394年)	赤水卫	成化间隶贵州都指挥使司
阿落密千户所	洪武二十七年(1394年)	赤水卫	
阿落密前千户所	洪武十四年(1381年)	赤水卫	后隶贵州都指挥使司
施州卫军民指挥使司	洪武二十三年(1390年)	四川都指挥使司	后隶贵州都指挥使司
大田军民千户所	洪武四年(1371年)	施州卫	
贵州卫	洪武二十三年(1390年)三月	四川都指挥使司	
普市守御千户所	洪武中	四川都指挥使司	洪武二十八年(1395年)升卫,后改隶贵州都指挥使司
米隆卫	洪武二十二年(1389年)九月	四川都指挥使司	洪武初置卫
龙州卫军民指挥使司	洪武十五年(1382年)	四川都指挥使司	洪武十二年(1379年)升卫,后隶湖广都指挥使司
黄平守御千户所	洪武初	四川都指挥使司	
瞿塘卫	洪武十二年(1379年)闰五月	四川都指挥使司	
瞿塘右卫	洪武十二年(1379年)闰五月		
梁山千户所	洪武十二年(1379年)闰五月	瞿塘卫	
大竹千户所	洪武十二年(1379年)闰五月	瞿塘卫	
达县千户所		瞿塘卫	

资料来源：黄友良. 明代四川移民史论 [M]. 四川大学学报，1995（3）：69-75.

表1-4、表1-5显示，四川卫所分布有以下特点：其一，明代四川卫所建置和汉族移民在四川的分布具有不平衡性，体现明朝控扼交通干线、军政重地和加强边疆防务的目的；其二，成都、重庆地区移民人口最多，屯田开发力度最大，也是汉文化最为发达之地，充分体现明王朝对四川军政中心重点开发，强力镇戍的策略；其三，汉族移民和卫所的建置主要分

布在成都、重庆等重镇，又有向外扩展，向少数民族地区深入的特点。明代四川卫所多分布于四川境内长江流域、四川西北、四川西南、四川东南等少数民族与汉族交错地区，其军事防御目的非常明显；其四，明初向四川的军事移民，涉及面广，包括贵州西北部、云南东部、湖广西部等地方，而并不局限于四川的行政边界；其五，沿四川省界设于滇、黔、湖广境内的若干边地卫所，目的就是以蜀内地为中心，首先控制沿边少数民族地区，逐步将行政权力延伸出去①。

　　总体而言，明代大量的汉族移民进入西南地区，经历200多年的发展，"汉族主要定居分布具有中心城镇屯聚、内地密集屯田定居、交通干线的驿堡屯戍并向次要道路和边远地区层层推进的趋势"②。从西南地区整体行政规划分布格局来看，明代西南汉族移民仍旧主要分布在西南腹地设置府、州、县以及卫所的区域。明代西南汉族移民分布区多为经济发达及自然条件优越之地，同时也为经济开发程度较高的地区。尤中先生也证明了此类情形："明代云南各地区的开发，主要局限在保山、顺宁（今凤庆）、云州（今云县）以东，（以及）元江、建水以北的地带。"③ 明代西南地区行政区划建置随着区域开发进程不断推进，在汉族人口集中的腹地，明朝廷设置了一套府、州、县体系的行政区划。而汉族人口稀少的边疆地区，主要处于少数民族的包围之中，即"夷多汉少"之地，其开发程度低于腹地区域。明朝在此则推行土司制度，维系羁縻统治。

---

　　① 黄友良. 明代四川移民史论［J］. 四川大学学报，1995（3）：69-75.

　　② 陆韧. 变迁与交融——明代汉族移民研究［M］. 昆明：云南教育出版社，2001：1-2.

　　③ 尤中. 云南民族史［M］. 昆明：云南大学出版社，2009：380.

第二节　清代西南地区汉族移民的历史背景及分布

一、清代西南地区汉族移民的历史背景

清代是西南地区汉族移民由强制性向自发性转变的重要时期。出现这种转变主要有两个原因：一为经济原因，即西南边疆与内地经济互补的需要；二为政治原因。

（1）经济原因。当时，经济互补性表现在两个方面：①西南地区社会经济的发展对人力、资金、技术的需求与内地人民对经济机会、利益的追求，形成互补关系。譬如西南地区商业兴盛及矿冶业的开发，对外地人口有着巨大的吸引力。民国时期《贵州通志》提及：普定县，"黔、滇、楚、蜀之货日接于道，故商贾多聚焉"；交通便利之地镇远府城，"居民皆江、楚流寓"；甚至偏远之地铜仁府，也吸引了大量江西人来此做生意，出现了"抱布贸丝，游历苗寨"的情况。云南也是如此。自云南铜矿开采以来，"江、楚各省之民争趋赴厂，春至冬归，不独可以养本境之穷黎，并可以养各省之商民"。此类例子众多。②人力资源与土地资源的互补。内地人多地少，大量劳动力闲置，而西南地区土地利用不充分，存在大量荒地，形成互补。清前期贵州汉族户数的增长极其微小，清代中叶以后汉族户数却奇迹般地增长。以贵阳为例，清初城区面积只有六里半（主城区纵轴线），而清代中叶已经扩大到二十余里，而且所编户数大大超编。这则材料充分说明，清中叶后期贵阳人口数量剧增，人口密度加大。它从另一个角度反映出这样的情况，即元、明时期汉族移民对贵阳地区开发不充分，清初此地还有土地处于待开垦的状态。如云南大理的赵州，村庄数目在 16 世纪和 17 世纪大致保持不变，但在清雍正八年（1730 年）至道光十年（1830年）这 100 年中，村庄数目从 35 个增加到 60 个[①]。政治上，清政府为了摆脱财政困境，增加税收，在经济上、政治上鼓励汉族向西南地区移民。

---

① 李晓斌. 清代云南汉族移民迁徙模式的转变及其对云南开发进程与文化交流的影响 [J]. 贵州民族研究，2005（3）：172-177.

（2）政治原因。这主要体现在户籍管理和经济政策方面。清政府鼓励外省人口进入西南，并且在政策上提供诸多支持。首先，体现在管理政策方面。在法律上对入籍的移民给予保障，移民定居合法化，地方官员也因为人口的增加而受到政绩方面的嘉奖。其次，在经济上的政策支持。经济鼓励政策包含三个方面：①移民开垦土地并享有土地所有权；②为移民的生存与发展提供赋税优惠政策；③对移民给予物质生产资料的资助如耕牛、种子、口粮等。以上政策对外籍移民产生了巨大的吸引力。外加西南地区矿产资源丰富、四川盆地是"天府之国"、迁出地的人地矛盾等多种外在原因。刘正刚在分析闽粤客家移民迁川的动因时提出："一是趋利、求富，拼力入川"，"二是逃荒入川，谋求发展"，"三是其他原因（主要有宗族方面的原因）"。各种主观和客观条件及原因都鼓励外省移民进入西南地区，形成各种各样的移民原因。这些移民怀着不同的目的进入西南地区，主要有以下几个类型：

其一，应招进入西南。此类移民在清初尤多。开县《向氏族谱》记载："自元末红巾之乱，楚黄之民相率入蜀。明末献贼屠蜀，人迹几灭。清康熙八年（1669年）复招楚人填蜀，故今之蜀人多籍麻城，土著者百不一二。"又如在康熙、雍正年间，汉人到云南广南垦殖，遂成村落。民国时期《广南县志》记载："迨至嘉、道以降，黔省农民大量移入，于是垦殖之地数以渐增，所遗者只地瘠水枯之区。"①

其二，求发展进入西南。这是清代汉族移民进入西南的主流。汉族移民在原乡地少人多、生活紧张的处境下，被迫寻找新的维持生存之地。此类记载比比皆是。盐源滥柴湾、江西湾为汉族聚居地，湖北麻城孝感的胡姓、杨姓、赵姓最初租种藏族、彝族土地来维持生计②。嘉庆十九年（1814年）四川总督常明对西南彝区的"夷地招佃汉民"开垦情况进行统计，结果如下：招有汉佃之土司土目54处，夷地共有汉民87 689户，男女425 247丁口③。我们从中可以看出凉山彝族地区地广人稀对汉族产生

---

① 佚名. 民国广南县志：卷5. 农政志·垦殖 [M] //中国地方志集成：云南府县志（辑44）. 成都：巴蜀书社，2009：414.

① 佚名. 民国广南县志：卷5. 农政志·垦殖 [M] //中国地方志集成：云南府县志（辑44）. 成都：巴蜀书社，2009：414.

② 石应平. 盐源及泸沽湖地区汉族的来源 [J]. 中华文化论坛，2002（2）：5.

③ 杨芳灿，常明. 嘉庆四川通志：卷6·户口 [M]. 扬州：扬州古籍出版社，1986：131.

的巨大吸引力。又如，广东连平州人谢子越，在得知四川地广人稀的消息后，毅然做出抉择，率家族迁川，最后留在成都华阳①。广东长乐县（今长乐市）教书人范端雅先生，"吾闻西蜀天府之国也，沃野千里，人民殷富，天将启吾以行乎？于是率五人相继入蜀，最后侨居永宁。三年之后，携全家俱迁之叙永"②。范氏往返再迁是众多移民追求理想之所的典型代表，体现移民迁徙的反复性和连续性。

其三，受中国传统家族观念影响及生活方便考虑，同籍和同宗之人尽量迁在一起，尤其是同血缘家庭成员迁居在同一个地方，以壮大自己势力，同时也可以在生活上互相帮助。

除以上几种原因外，还有因商入西南、游学入西南、避祸入西南等情形，此不赘述。

二、清代西南地区汉族移民的分布

经历明末大规模战乱之后，人口损失严重，清政府采用各种方式恢复生产，增加人口数量。清中期以后，全国人口较过去有了很大增长。就西南地区而言，除自然增长人口之外，主要还是依靠政府大规模移民。此阶段进入的移民与明代有诸多差异，即由强制性集团移民变成自发性移民。清政府在西南地区设置屯田制，西南三地的军事移民（绿营兵制）与明代军事移民有诸多不同，无明代卫所制度的"佥军"制度，表现在：①不固定在军队住所周围，具有流动性，"驻一郡之兵，即耕其郡之地；驻一县之兵，即耕其县之地；驻一乡之兵，即耕其乡之地"；②清代军事规模小于明代；③无法形成明初合族而居的居住格局。在此背景下，清代移民并不像明代移民那样分布于经济中心或交通沿线，而是以点、线、面的方式深入到西南少数民族地区腹地。关于此类情形，方志多有述及，如《黔南识略》记载，清中叶贵州各地均有汉族移民购买少数民族田产的记录。明末，西南土司势力衰退，清代汉族移民在贵州的主要任务是深入腹地，开辟苗疆，而不是保护交通要道。清初"改土归流"政策的实施，更促进了汉族移民广泛分布于西南各地。

---

① 华阳谢氏族谱 [M]. 现藏于四川省图书馆。
② 刘义章. 东山客家氏族志 [M]. 成都：四川人民出版社，2003：131.

此外，清代之前，西南的汉族移民以从事农业为主，由此决定了其生活方式具有定居性特点。进入清代以后，汉族移民有不少人从事运输业、矿冶业、商业等非农行业，此类职业的特点是具有流动性。譬如随着矿冶业的发展，滇铜需要外运以供内地经济所需。矿产运输之路的开辟，沟通了内地与边疆的联系，内地文化也随之传播进来，同时也沟通了汉族与少数民族的经济往来和民族交往的通道。滇铜运输之路，经过彝、苗等少数民族聚居区域，故铜的外运多依靠当地少数民族完成。杨文定在奏陈铜政利弊中谈道："运户多出夷猓，……硐（铜）民皆五方无业之人。"随着商业的发展，清代西南已经基本建立起以城市为中心，深入少数民族地区及农村的商业体系和市场网络①。关于此等情形，方志上多有记载，如民国时期《西昌县志》述及西昌商人已是"之滇之迤西州县村间，足迹殆遍"②，通过不同方式与少数民族建立了密切的联系。王士性《广志绎》卷4记载："视云南全省，抚人居十之五六，初犹以为商贩止城市也。既而察之，土州土府，凡猡不能自致于有司者，乡村间征输里役，无非抚人为之矣。"可见，运输业、矿冶业、商业的发展进一步促使汉族分布由经济发达之处向周边少数民族地区深入③。

清代大量汉族移民进入西南地区，西南三省（含今重庆市）的汉族也陆续在区域间流动，表现为各少数民族的聚居态势加强，并且向山区推进的趋势。汉族人口由先前的主要集中于西南地区的腹地，即经济发达和自然条件优越之地，逐渐向周边少数民族地区扩散。随着西南边疆地区商业、矿冶业的发展及经济的开发，到清代中叶，汉族已经遍布西南地区。乾隆年间，江苏人吴大勋提及："滇本夷地，并无汉人。历代以来，征伐戍守、迁徙贸易之人，或不得已而居此，或以为乐土而安之。降至近世，官裔幕客流落兹土，遂成家室。盖缘道途绵远，盘费难支，日积一日，年复一年，无复归期，永为客户。……至今城市中皆汉人，山谷荒野中皆夷

---

① 李中清. 明清时期中国西南的经济发展和人口增长［J］. 清史论丛，1984 (5)：70-71.

② 西昌县志：卷2·产业［M］. 1932.

③ 李晓斌. 清代云南汉族移民迁徙模式的转变及其对云南开发进程与文化交流的影响［J］. 贵州民族研究，2005（3）：172-177.

人，反客为主，竟成乐园。至于歇店饭铺、估客厂民，以及夷寨中客商铺户，皆江西、楚南两省之人……以至积攒成家、娶妻置产，虽穷乡僻壤，无不有此两省人混迹其间。"① 可见至少在清代中叶，汉族已经遍及云南各地。

总体而言，明、清时期是汉族移民进入西南地区尤其是云、贵地区的高潮时期。明代西南的移民主要通过军屯、民屯、商屯及贬谪迁徙这几种途径进入西南地区，具有明显的强制性，是一种强制移民模式。清代移民的迁徙模式发生了根本性的转变，由明代强制性移民变成一种经济、政治互补需求条件下产生的自发移民。清代西南地区的汉族移民规模远远大于明代移民规模，移民分布范围逐渐扩大，有的深入到少数民族聚居区，形成汉族与土著民族交错杂居的局面。这一转变对西南地区的开发及民族交融进程都产生了深远的影响②。

① 吴大勋. 滇南闻见录·人部·汉人 [M] //方国瑜. 云南史料丛刊：第 12 卷. 昆明：云南大学出版社，2001：17.

② 李晓斌. 清代云南汉族移民迁徙模式的转变及其对云南开发进程与文化交流的影响 [J]. 贵州民族研究，2005 (3)：172-177.

第二章　西南地区汉族移民
文化孤岛概况

　　在明、清两朝西南地区汉族文化孤岛的民居文化变迁中，地理环境为最重要的影响因素。笔者对三地五个调查点的现状概貌进行介绍，缘于两点：一是对自然环境和社会背景进行介绍，可以为本研究提供背景知识；二是对历史沿革和传统文化进行介绍，可以为三地五个调查点汉族移民民居变迁前后对比埋下伏笔。木里项脚乡汉族主要在藏彝走廊区域内活动，此地自然地理条件复杂，与中原地区平原和沿海地区的冲积平原截然不同。横断山区特色鲜明，凹凸不平的地表，生物多样化，气候、水文、交通、习俗等方面差距显著，这些因素造就了三地少数民族文化的多样性。宣威杨柳乡、安顺九溪村、冕宁宏模乡处于"汉多夷少"之地，自然地理、人文条件优越，进一步强化了汉文化的强势地位，彰显了汉文化优越的文化精髓。在"汉多夷少"和"夷多汉少"的民族分布背景下，呈现三地五个调查点汉族传统文化的变迁情况，具有典型的代表意义，因此，这三地五个调查点比较符合本次田野调查的选点要求，可以为本课题的调研提供内容多彩的样本和个案。

第一节　滇东地区汉族移民文化孤岛概况
——以宣威杨柳乡为例

一、宣威杨柳乡自然地理环境与历史沿革

杨柳乡隶属于宣威市，距宣威市区 67 千米，与贵州省威宁县接壤。宣

威市杨柳乡位于云南省的东部，北可通四川省，西可到昆明市，东可达贵州省，自古就有"滇黔锁钥""入滇咽喉"之称，为古代兵家必争之地，具有重要的政治和军事战略地位，同时也是一条连接中原和西南边陲的重要通道，其位置可谓得天独厚。因此，明王朝积极在此部署，大量屯兵。此外，杨柳乡是滇东地区的"旱码头"，曾经商贸发达，至今保留着当时通商留下的遗址。杨柳乡占地面积163.94平方千米，耕地面积2 296公顷。此地为典型的高原山地地貌，东西相距30千米，南北相距11千米，地形略似一只蝴蝶，南高北低，最高点南北三丛树，海拔2 470米，最低点大岔河口，海拔1 570米，高差900米。除了特殊的地理位置外，其独特的自然环境也适宜屯田安民，积极防御。首先，杨柳乡主要为亚热带季风湿润气候，夏无酷暑，冬无严寒，年温差小，日温差大，气候舒适宜人，雨量充沛，土壤熟化程度较高，适宜耕作①。得天独厚的自然环境和地理位置，使杨柳乡成为云南历史上开发最早的区域之一。

杨柳乡周围群山环绕，土地肥沃，北盘江穿谷而过，形成一个地势平缓的梭子型谷地，将杨柳乡分为南北两块，两岸分布着杨柳、留田、碗厂、海庆、蒋箐、可渡、围仗、克基等十余个村落。这些村落大部分是明代军事移民形成的村落，至今已有600多年的历史。

杨柳乡是一个传统汉族村落，管辖旧城、管屯、岩头、胡家冲、尖山、大水田、荷花、土城、头道河、可渡、松山、关上12个村，共1 818户6 819人，主要有汉族、苗族两个民族。据统计，杨柳乡汉族6 812人，苗族7人。汉族与少数民族人口比例悬殊，对于散杂居于汉族村落的苗族发展会产生一定影响。具体情况参见表2-1。

---

① 宣威县人民政府. 云南省宣威地名录（内部资料）[M]. 宣威：宣威县印刷厂，1987：23-24.

表 2-1　杨柳乡人口统计表

村子名称	户数/户	少数民族/人	汉族/人	总人口/人
旧城	236	0	860	860
管屯	127	0	466	466
岩头	113	0	354	354
胡家冲	126	0	571	571
尖山	37	0	144	114
大水田	86	0	346	716
荷花	202	7（苗族）	716	723
土城	91	0	276	276
头道河	52	0	219	219
可渡	442	0	1 441	1 441
松山	32	0	122	122
关上	247	0	957	957
合计	1 818	7	6 812	6 819

资料来源：杨柳乡政府提供资料。

二、宣威杨柳乡的社会形态

（一）宣威杨柳乡的经济生活

杨柳乡人经济生活以农耕为主，农作物以种植水稻、玉米、土豆为主，当地气候条件优越，水稻、玉米、土豆产量较高。经济作物为烤烟、蔬菜、板栗、核桃等。杨柳乡人农闲时从事手工业或小商业：有的饲养家禽、养蚕；有的从事木工、石工；有的做面条、黄豆腐、干酸菜。除种植水稻、玉米和土豆外，烤烟为杨柳乡人重要的经济来源，饲养生猪、制作火腿是其经济收入的又一补充。手工业很发达，能制作各种家具、酿酒、熬糖、做豆腐、编织和雕刻，这些都体现了汉民族农耕文化的传承。

杨柳乡世居汉族主食大米、玉米、土豆，半山区兼食大米和玉米，早餐吃米线、面条、饵块。城市人一日三餐，农村人则一日两餐，农忙时加餐称为尚午。菜肴荤素搭配，尤喜酸辣口味，家家户户腌制酸菜、酸辣子、豆酱、豆豉等。农村杀猪后常用猪后腿做火腿，还会用猪肉做炸皱皮肉、粉蒸肉、酥肉，一年中饮食简单，喜欢吃素的东西，只有在自己宰猪之时才吃鲜肉。婚嫁及丧葬要办"八大碗"。成年男子嗜酒。招待客人，酒是必备之物。招待客人喜用玉米酒、腊肉、菜豆花和四季豆。城市人喜喝清淡茶水，农村人喜喝浓茶水。喜用陶罐烤茶，烤黄时注水，香味浓烈。

（二）宣威杨柳乡的民俗文化

杨柳乡人祖辈大都来自江南地区，与少数民族杂居，生活中相互影响，故节日、祭祀多样化。宗教信仰为杨柳乡人重要的内聚力量，信仰之神分为家族神、民间神、历史人物神等。考察杨柳乡人信仰风俗可以发现，杨柳乡人祖宗观念极强，大户人家建有宗祠和家祠，供奉本族祖先牌位（祠堂大都在"除四旧"时被毁），大部分家庭存有家谱之类文字记载及口碑资料。每家堂屋正壁设有神龛，供奉祖先牌位和神榜，神榜正中写有"天地君亲师位"或"天地国亲师位"，周围写有众多神灵圣贤之名。各种神榜所列神灵各不相同，但都列有"某氏堂上历代祖先、远近姻亲"字样。农历初一、十五、节庆、庙会都要顶礼膜拜，祈求祖先和神灵庇护。清明和农历十月初十，分别俗称"春祭"和"秋祭"。1950年，祠堂祭祀被取消，改为家祭。农历七月十五，家中供奉祖先牌位，进行一系列祭祀和纪念活动，为杨柳乡重要节日。

杨柳山歌在民间广泛流传，男女老少都会。百姓在田间地块劳动时，相互对唱，倾诉人间苦乐，传递男女爱情，或咏物或抒情，内容大多取材于生活。现摘录几段①。

（一）

男：久不唱歌忘记歌，

久不打鱼忘记河。

久不提笔难写字，

久不恋妹脸皮薄。

----

① 资料来源：杨柳乡政府提供。

女：久不吹箫忘记箫，
　　久不过河忘记桥。
　　久不提针忘记线，
　　久不见哥心头焦。

（二）

男：好久没走这方来，
　　这方姑娘好人才。
　　柳叶眉毛瓜子脸，
　　好像仙女下凡来。

女：要吃辣子下辣秧，
　　要吃鲤鱼来盘江。
　　要观美景来可渡，
　　要恋好女来这方。

（三）

男：好久没走杨梅山，
　　不知杨梅酸不酸。
　　好久没跟妹玩耍，
　　不知小妹可喜欢。

女：好久没走青菜园，
　　不知青菜甜不甜。
　　好久没跟哥玩耍，
　　不知哥心嫌不嫌。

（四）

男：隔河望见花一苗，
　　心想采花又无桥。
　　郎搬石头妹担土，
　　二人搭起采花桥。

女：隔河看见花一棵，
　　远看叶少花枝多。
　　好花还要绿叶配，
　　情妹只配小情哥。

（五）

男：高枝高秆是高粱，
　　细枝细叶是茴香。
　　妹是后园茴香草，
　　轻轻摇动满园香。

女：八月十五月最圆，
　　妹买月饼郎给钱。
　　世上只有哥一个，
　　人又聪明嘴又甜。

（六）

男：可渡河边大佛山，
　　清水沟里出龙潭。
　　郎是佛山千年秀，
　　妹是龙潭永不干。

女：心想过河河水宽，
　　心想骑马又无鞍。
　　心想跟哥成双对，
　　只等来年河水干。

（七）

男：露水珠珠草一坡，
　　情妹难舍情意哥。
　　情哥难丢情意妹，
　　露水难丢草一坡。

女：好股凉水出岩脚，
　　日头出来晒不着。
　　郎变犀牛来吃水，
　　妹变鲤鱼来会合。

（八）

男：郎是远方玉蝴蝶，
　　有处飞来无处歇。
　　借妹花园歇一夜，
　　只伤花心不伤叶。

女：昨晚听说哥要来，
　　提着扫把扫花台。
　　前门扫到后门转，
　　扫开花路等哥来。

（九）

男：哥家门前一条河，
　　鱼在河中摆脑壳。
　　哪天得鱼来下酒，
　　哪天得妹来焐脚。

女：大河涨水沙浪沙，
　　鱼在河中摆尾巴。
　　哪天得鱼来下酒，
　　哪天得哥来当家。

（十）

男：大河涨水小河满，
　　不知小河有多深。
　　丢个石头试深浅，
　　唱首山歌试妹心。

女：大河淌水慢悠悠，
　　砍根竹子顺水丢。
　　空心竹子不落水，
　　实心小郎妹不丢。

（十一）

男：苞谷栽在犁沟头，
　　实话说在你心头。
　　晚上睡觉好好想，
　　转来跟哥过到头。

女：豆子点在苞谷脚，
　　真情实话对你说。
　　桌子上边不好讲，
　　桌子下边脚勾脚。

（十二）

男：苞谷饭来淡酸汤，
　　把妹吃得老苍苍。
　　收拾打扮跟哥去，
　　铜罐煮米泡肉汤。

女：苞谷栽在四凉山，
　　阳雀叫得地皮翻。
　　各方阳雀各方叫，
　　哪有阳雀叫过山。

（十三）

男：盘江西绕七星关，
　　可渡河边万仞山。
　　岩上有个仙人洞，
　　不得玩耍心不干。

女：妹家门前有块姜，
　　姜苔抽心绿汪汪。
　　早知姜贵早下种，
　　早恋情妹早成双。

（十四）

男：大田大地栽苞谷，
　　叶子枯了杆杆绿。
　　情妹想哥咋个样，
　　情哥想妹想得哭。

女：大田大地栽葵花，
　　多半叶子少半花。
　　情哥若是真想我，
　　多在花园少在家。

（十五）

男：大田栽秧行对行，
　　一对秧鸡来歇凉。
　　秧鸡找着歇凉处，
　　情妹找着有情郎。

女：大田栽秧行对行，
　　一对秧鸡来歇凉。
　　秧鸡找着歇凉处，
　　穷人找着共产党。

　　孝歌是杨柳乡的一种特色丧葬习俗，一般在为亡灵敲锣打鼓、念经做道场的时候开唱，内容大部分为缅怀亡者、引发伤悲等，借办白喜事以健康内容劝导人，教给人一些知识，把悲伤的场合变成一种有教育意义的活动。孝歌的内容在这里基本上是中原文化的传承。现摘录几段①。

————————

　　① 资料来源：杨柳乡政府提供。

（一）《柳荫记》节录

江南有个苏州府，白沙岗上有一人。
此人名叫祝员外，程氏妻子胜贤能。
夫妻二人无有子，单生一女在家庭。
女儿名叫祝英台，心灵手巧又聪明。
……

（二）《金铃记》节录

听书君子请坐下，听我从头说分明。
此书名为《金铃记》，大宋王朝到于今。
前朝后汉我不表，单说河南一段情。
……

（三）瞧郎调

初一老早郎过街，头顶纱帕脚穿鞋。
头顶纱帕要钱买，脚穿鞋子手上来。
初二老早去瞧郎，小郎得病在牙床。
问郎得的什么病，十字街头身着凉。
初三老早去瞧郎，问郎是热还是凉。
上摸一把烫如火，下摸一把冷如霜。
初四老早去瞧郎，打马三鞭进药房。
哪个医得我郎好，槽中马儿拉两双。
槽中马儿还嫌少，手上戒箍摘两双。
初五老早去瞧郎，问郎想点什么尝。
千般百样都不想，想碗白米熬汤尝。
铜罐提来人望见，手巾包来又无汤。
还是奴家主意高，扯个荷叶连汤包。
初六老早去瞧郎，扬鞭打马进庙堂。
双膝跪在神面前，祈告祖宗活神仙。
如若保得我郎好，郎许猪来妹许羊。

郎许长香三十炷，妹许短香五十双。

初七老早去瞧郎，问郎想点什么尝。

千般百样都不想，想个子鸡熬汤尝。

铜罐提来人望见，手巾包来又无汤。

扯个荷叶连汤包，连汤带鸡给郎尝。

初八老早去瞧郎，我郎吩咐洗衣裳。

清水洗来白水漂，穿好衣裳人已亡。

初九老早买大板，上街买到下街坊。

上街有口红杉板，下街有口松木棺。

情愿买口红杉板，哪个还要松木棺。

初十老早瞧坟地，上头瞧到下头来

上头有块真龙地，下头有块假凤凰。

宁愿要块真龙地，哪个还要假凤凰。

十一老早去挖坑，宽打窄用挖得深。

宽宽挖来窄窄用，我郎在（里）头好翻身。

十二老早去垒坟，细雨绵绵垒不成。

放牛娃儿请吃酒，莫放牛来踏新坟。

十三老早去买鞋，上街买到下街来。

哪个穿着我郎鞋，如得我郎活起来。

十四早上起回程，路边鲜花爱死人。

心想扯朵头上戴，却怕旁人耻笑人。

十五早上起回家，侄男侄女喊姑妈。

兄弟看见喊姐姐，侄儿看见喊姑妈。

嫂嫂出来将情劝，短命姑父不想她。

等到三年孝服满，香花辣子走别家。

（四）朱秀英割肝救母

远望长安一座城，那家本是行善人。

五黄六月施茶饭，十冬腊月施衣衫。

金银茶饭都施了，三个儿子配婚姻。

大哥配的张家女，二哥配的李家姻。

三哥一人年纪小，从小配的朱秀英。

三个儿子刚成家，为娘得病在其身。

……

人们在逢年过节、茶余饭后，多个人聚集在一起自娱自乐，演唱民间小调或唱书（说书的一种），内容包罗万象：有进京赶考的饱学之士落榜后乞讨路费返家乡，有梁山伯与祝英台（《柳荫记》）的爱情故事，有表达男女爱情故事的《金铃记》，有歌颂历朝历代有名人物事迹的故事，有唱朝廷皇亲国戚欺压百姓的故事等。体裁一般为七字句，连彝族的盘歌也是七字句的，足见杨柳乡接受中原文化之早、受影响之深，而且都是口头文学，流行民间，代代传承。

三、宣威杨柳乡汉族来源地特点

宣威市杨柳乡比较大的自然村落有四个，人口均超过千人。程、阚、邹、胡四大家族正好大都居住在这四个村落。笔者选择其中一个有代表性的村落荷花村进行入户调查。荷花村位于渡口旁边，距杨柳乡政府最近，成为笔者调查的重点村落。荷花村有汉族 202 户、苗族 2 户，共 723 人，主要有程、阚、邹、胡、刘、顾等姓氏，程、阚、邹、胡为主要姓氏。村民互相开亲，基本家家都是亲戚。杨柳乡汉族说汉话，使用汉字，有部分人通晓彝语和苗语。

对杨柳乡四大家族的采访，得到杨柳乡文管所李所长热情接待，当天下午就派刘干事联系四大家族族人。当地族人对探索其祖先来源的事情十分热衷，村里很多人能够清楚地说出祖先的来历，并可以流利地背出字辈顺序。程氏族人热情地带我进入程氏祖墓所在地，为我解读墓碑，梳理家史。程家一世祖复初，二世祖世宇，三世祖大先，四世祖起鹏，复初和大先碑文于光绪二十一年（1895 年）重立，副碑为引辞，左为家规，陈述源流，还有两个小碑为 1990 年由程绍才立。程绍才向笔者展示了程氏家谱，兹记录如下。

杨柳乡程氏族谱①原文：

"我程姓原祖籍南京应天府徽州柳树村人。自洪武十四年（1381年），复初、复元、复寿三弟兄随沐英、蓝玉领兵征南。征南结束后，复元落业于大理剑川，复寿落业于曲靖越州。复初家眷黄氏以应乌撒卫文顶事，她把河之北后三所改名为旧城。复初回归乌撒卫兵站后，把乌撒卫改为可渡，在可渡建立小城……我程姓祖公复初之孙子程大先曾任沾益守抚都尉。第九代孙程遽，嘉庆年间任宣威州武装总指挥。"

杨柳乡程氏程大先碑刻②原文：

光绪二十一年（1895年）三世祖程大先墓碑右侧的记录写道："我程姓一族，自洪武□□（方框内为缺字或不可辨识）随着沐国公征南，领军到站，乃抵此境，落业于斯……"

杨柳乡阚氏族谱③原文：

阚氏宗谱原序

万物本乎天，人本乎祖。祖也者，贵不可忘者也。始祖山东济南府平远县人，于大明洪武时来此，今近四百载矣。

前代世次远莫可考，窃幸合族子孙均系高祖所传也。（孙）切木本水源之愚，爰裔族人，于高祖墓前刊碑列次。谨自太祖（号）大国公以来，世次系次序于左。后之子孙，按志查考，庶不忘其所自……

杨柳乡阚氏国公支系行辈后十代：汝、以、朝、之、登、兴、遵、时、继、必。

"必"后二十代：绍、祥、世、永、庆、维、应、啟、连、文、大、德、恒、远、振、万、钟、裕、光、明

二十四字行辈已失去四字，现存二十字开列如下：
天显朝仕玉应发广华宗，
登明成沧海万世德昌隆。

---

① 程氏族谱：卷1［M］．宣威杨柳乡程绍才藏．
② 程大先碑，立在程氏祖坟。
③ 阚氏族谱：卷1［M］．宣威阚训言藏．

杨柳乡邹氏族谱①原文：

……奉命率兵入滇击水西，攻克得胜，获战功而归，后选居七星关，因为基业发达筑高楼，建跑马场，有四轮碑可证。

……新修族谱的记载是："十六世，克文公长子满忠，名邹汉，生山东，洪武十四年（1381年）从友德将军征进云南，著有伟绩。前往乌撒代管普德归站，世袭指挥。殁葬管屯。"满忠公的长子、长孙也都"钦准替袭"。……

杨柳乡邹氏邹汉碑刻②原文：

公讳汉，即吾鼻祖，世居山东沂州之沂水也。明洪武十四年（1381年）随友德傅将军来靖滇黔，著有伟绩。十七年（1384年）敕除江南高邮卫右指挥。十六年（1383年）蒙敕委领军前往乌撒威宁代管普德归站，即今可渡。……

杨柳乡顾氏族谱③原文：

……吾祖自始祖德方公，于大明洪武十四年（1381年），奉明太祖命，谐元帅颍川侯傅友德来黔，征战有功，封济宁侯，世袭武略将军，镇守周泥站，相传两百余载……

……至洪武十四年（1381年），始祖讳兴之自江南应天府上元县沙滩湾与黔宁王沐英同征滇南，后南方奏凯，以武功授封怀远将军职，镇守大理府。因官留寓，江南谱牒遂以失传。二世祖河图，移居沾阳。所谓沾阳者，即今戴家门前是也。安居此地耕食凿饮，前后数百年。今上有祖茔数代，失落于宣威北教场中。今於磨盘山，春秋省扫，先向城北拜谒，以致诚悃。所以然者，盖以明朝鼎革，戎马蹂踏，民遭兵燹，十迁八九，谱牒失传。祖讳朝安，亦因此而迁移马街子老住场居住，至今二百余年，其仅存一线之后裔者，不过前人之口嘱耳。嗟夫！顾氏之族，其支派紊而无

---

① 邹氏族谱：卷3［M］. 宣威邹玉书藏.

② 邹汉碑，立在宣威杨柳乡邹氏祖坟。

③ 顾氏族谱：卷首［M］. 宣威东屯顾浙星藏.

绪，俱由此始矣。以前之旧章已失，后人之生居也晚，迭遭变乱，四散逃奔。或避乱于东属，或搬窜于威宁，或深山穷谷自耕而食，谁暇为之敦宗耶？谁暇为之睦族耶？惟马街子清水潭一支，人文蔚起，代有传人，犹未忘先世遗烈焉！将来丕宏隆绪，或有于斯。

杨柳乡杨氏族谱[①]原文：

……余族原籍江南上元县，自始祖讳敏者宦游大理，继降曲靖府沾益州，住居二代居宣威州。敏祖为大理府驿承后传至六世仲廉公，于壬戌年（1622 年，即明天启二年）奉五省总督张遇难两院旨，招讨水西乌撒有功，诰封义勇将军，又恢复乌撒卫城。

杨柳乡蒋氏蒋其元碑刻[②]原文：

公讳其元，乃万良祖公、卢氏祖母之曾孙也。万良公籍系南京应天府竹子巷柳树湾四牌楼人氏。明时随将军征滇越及黔，属威宁北门外蒋家院住坐。世袭千户，生子四：朝东陈氏、朝鹤阎氏、朝瑞白氏、朝仕马氏，朝字派生世字辈：世和赵氏、世用、世善、世廉孔氏，以上葬滇地炎方来远铺，皆有碑记。惟世高公胡氏邵氏，为其元公叔父。继因土夷作叛，率予祖其元、叔祖其彩于宣威移往平川。祖墓之前，流离数处，失所多端。祖公祖母卒同葬此。嗣后世高公之子孙就居黄泥田，其彩公之子孙择处郭官。予祖生邦雄公孔氏落业龙洞，生建卿公王氏，建卿公生士龙黎氏爵田氏俊王氏章氏。此下宜难之草叠生，待女之花多发，诚举之难以枚举，数之难以悉数。公与母碑又异焉。按：此碑于乾隆三十六年（1781 年）以八世孙之高会二派已建之矣，奈世阅几朝人，经多代碣石。

蒋、侯二姓始祖母杨老太君姊妹合葬墓碑刻[③]原文：

祖妣杨老太君姊妹合葬墓奇碑。杨氏姊妹分别系蒋氏来远铺始祖蒋世群和姨夫侯公的配偶。据传说，蒋、侯二公返南京未回，儿孙们按姊妹二

———————————

① 杨氏族谱：卷首 [M]. 现藏于曲靖市档案馆.

② 蒋氏族谱：卷首 [M]. 现藏于曲靖市档案馆.

③ 蒋氏族谱：卷首 [M]. 现藏于曲靖市档案馆.

人遗言，殁后将其合葬。20世纪60年代此墓被毁，1991年正月十九日，蒋、侯后世孙修复。因原碑质差，易风化，为了永久弘扬先祖恩德，乘蒋氏续谱定稿会之机，在宣威蒋应藻、蒋宗德、蒋开礼、蒋绍先，四川会东蒋世万，沾益蒋建明、蒋承伦、侯忠邦的倡导下，族人积极出谋献策，筹款捐资，在来远铺再立新碑。蒋、侯二姓投工献料，不辞辛劳，做了奉献。135人捐资共14 451元。立新碑高3.98米，宽3.88米，较前更雄伟壮观。并将捐资人名刻录于碑上，载入谱书，以祭祀先祖，昭启后人。

除摘录四大家族族谱外，笔者还对其他家族的族谱进行了统计，详见表2-2所示。

表2-2 杨柳乡族谱资料统计

姓氏	初迁地	迁移时间	迁移原因	迁徙过程	卜居地
阚氏	山东济南府平远县	洪武年间	征南	山东平原→昆明→通海→宣威杨柳乡（或普安，或昭通）	第4代进入杨柳乡荷花村
程氏	南京应天府徽州柳树村	洪武十四年（1381年）	征南	南京分三路，一路宣威杨柳乡，一路大理剑川，一路曲靖越州	杨柳乡荷花村
邹氏	山东	洪武十四年（1381年）	征南	山东→湖南→贵州毕节→云南宣威杨柳乡	乌撒卫
顾氏	南京沙滩湾	洪武十四年（1381年）	征南	南京应天府→云南大理→宣威北教场→宣威马街→宣威东屯→宣威杨柳乡（或威宁等地）	杨柳乡杨柳村
蒋氏	南京应天府柳树湾	洪武十四年（1381年）	征南	南京应天府→贵州威宁	贵州威宁北门外
杨氏	江南上元县	洪武十五年（1382年）	征南	南京→云南大理→曲靖→沾益→宣威	宣威市
浦氏	江苏	洪武十八年（1385年）	征南	江苏→乌撒（今宣威）→宣威浦家山	宣威市浦家山
刘氏	南京应天府刘家村	明朝	宦游	不详	宣威市杨柳乡

资料出处：杨柳乡家谱、曲靖市档案馆.

从上述材料来看，杨柳乡的汉族移民有三个特点：

其一，移民时间集中于明初洪武年间。笔者调查的阚家、程家、邹家、顾家、蒋家、杨家、浦家皆自明代洪武年间来。

其二，以军事移民为主，祖籍多为江南地区。譬如荷花村《阚氏宗支》明确记载，阚氏祖宗在明朝洪武年间从山东济南府平远县迁来，为征南时的一名押粮官，迄今居于荷花村，已有400余载，已传阚家后人26代。《程氏宗谱》记载，程氏祖宗在洪武年间从南京应天府徽州（今安徽黄山市徽州区）柳树湾迁徙而来，洪武十四年（1381年），复初、复元、复寿三兄弟随沐英、蓝玉领兵征南。征南结束后，复元落业于大理剑川（今云南剑川县），复寿落业于曲靖越州（今云南曲靖市越州区），复初把河之北后三所改名为旧城，又把乌撒卫改为杨柳乡，在杨柳乡建立小城。程姓祖公复初的孙子程大先任沾益（今云南曲靖市沾益区）守抚都尉，第九代的程逵在清朝嘉庆年间任宣威州（今云南宣威市）武装总指挥等，至今已繁衍了25代人。《邹氏宗谱》记载，邹姓人奉命镇压水西叛乱，攻下德胜坡（今贵州黎平县水口镇德胜坡），最后落籍于七星关（今贵州毕节市七星关区）。此类例子不胜枚举。

其三，汉族移民聚居地多为军事要地。这与明初政府初衷一致。杨柳乡虽为弹丸之地，却历来是滇黔要道，多民族聚居区，又是当时防御少数民族进攻的重要军事据点，必须常年派军队驻扎，亦守亦屯。因此，杨柳乡移民主要来源为军屯就毋庸置疑了。

第二节　黔中地区汉族移民文化孤岛概况
——以安顺九溪村为例

一、安顺九溪村自然地理环境与历史沿革

九溪村距离安顺市27千米，位于安顺西秀区东部，交通便捷。村南距离320国道约21千米，村北距离滇黔公路、贵昆铁路约4千米，2004年建成的雷九公路令九溪村与七眼桥镇的联系更为密切，通往云峰八寨的道路也变得畅通起来。屯堡文化资源和优美的自然山水条件，使九溪村享有了"屯堡第一村"之美誉，为九溪村开发"屯堡风情旅游"奠定了良好的环境基础。九溪村地处安顺市西秀区中部浅丘槽谷地貌区，海拔在1 302米至1 432米，相对高差133米，村内岩溶发育形成九溪村复杂多变的地

貌。地势东、北、西部高，中、南部低，九溪河自北向南从中间穿过。九溪村土壤为黄壤、石灰土、水稻土，由于长期耕作，熟化程度高，土壤肥沃，农业条件优越。九溪村气候属于北亚热带气候，年平均温度为15℃，无霜期300多天，年均降雨量1 250毫米。九溪村现有耕地2 939亩（1亩≈666.67平方米）、林地120亩、茶园460亩、宜林山地1 350亩。村寨南部地处老落坡山脉东北端，煤炭资源丰富。村内煤炭开采始于明、清，兴旺于民国。民国二十六年（1937年）至三十一年（1942年），周围的人都到此来买煤，九溪村不少人以采煤为生。

九溪村从明初建村至今已有600多年历史，为明代屯军据点。有"十姓开辟九溪"之说，最先定居地为"大堡"。由于容纳人口能力有限，又新开辟"小堡"。后来陆续又有人迁入，则由两处向外延伸出"后街"，形成三大片区。三大片区相对独立，有着相异的经济结构，但是有着共同的屯堡文化特征。九溪村面积约10平方千米。2001年，全村有990户3 985人，50个姓氏，为安顺最大村寨。村里办有小学一所，有一条卖菜的中心街道。九溪村曾有朱、姚、冯、余、陈、胡、洪、童、吕、梁"十大姓开辟九溪"的说法。岁月变迁，今天的九溪村，朱姓为十大姓氏中人口最多的姓氏；有100户以上人家的有张、宋两姓，其中宋姓为同一个始祖，张姓为四个始祖；有40户以上人家的有黄、陈两姓，有30户以上人家的有顾、杨、马、王四姓；其余小姓氏为谭、钟、刘、冯、黎、洪等。从目前九溪村保留的姓氏和所谓的"十大姓氏"对比，只有朱、冯、陈等姓保留，其余都是后来迁入的。这些人虽是后迁之人，但是他们的祖先也是"调北征南"而来的，因此有着共同的特征，即使在三个片区发生地域冲突时，依然保持着整体的屯堡特征，再次体现九溪村开放和接纳后来移民的姿态[1]。详见九溪村宗族姓氏情况表（表2-3）。

---

① 史利平. 安顺屯堡社会组织的教育价值研究 [D]. 重庆：西南大学，2012：80.

第二章 西南地区汉族移民文化孤岛概况 ┊ 41

表 2-3　九溪村宗族姓氏情况　　　　　　　　单位：户

大堡		小堡		后街	
姓氏	户数	姓氏	户数	姓氏	户数
朱	87	张	99	宋	140
张	44	顾	36	张	109
宋	43	宋	31	黄	35
黄	18	王	14	马	31
梁	16	陈	11	袁	17
黎	10	钟	8	杨、雷	13
王	9	安	6	朱	12
冯	8	杨	6	顾、高、向	10
雷、程、谭	6	林、袁	5		
共 41 姓 306 户		共 23 姓 249 户		共 39 姓 427 户	

资料来源：孙兆霞，等. 屯堡乡民社会［M］. 北京：社会科学出版社，2005：144.

　　选择九溪村作为研究对象，有三个原因：其一，九溪村为安顺最有代表性的屯堡村落。其二，九溪村有良好的村落环境。地戏、花灯、抬亭子、佛事等活动在村中仍旧存留，在村支委、老龄协会的领导下，村民积极参加村落集体组织。以地戏队为例，2002 年，青年人参加地戏队的有 29人，占演员总数 55.8%，甚至妇女也参加表演。相比之下，天龙屯堡地戏被当地旅游公司进行了整合，带有商业化性质，失去了原生态表演的内涵。其三，九溪村有独特的自然地理环境。九溪由大堡、小堡、后街三个片区组成，由于历史原因，其经济结构、文化价值观念和社会行为有着明显差异，从而形成了不同的群体①。

二、安顺九溪村的社会形态

（一）安顺九溪村的经济生活

　　安顺一带屯军主要来自当时生产较发达的江南地区，进入黔中，肩负着防守、屯垦的双重任务。农民对土地十分珍视，屯堡人也不例外。九溪

---

①　孙兆霞，等. 屯堡乡民社会［M］. 北京：社会科学出版社，2005：62-69.

村东、南、西、北四方都建有土地庙，村民家中也供奉着土地神位，投射出屯堡人对土地的依赖与希望心理。农业为村民生计的根本，但九溪村土地资源有限，九溪人需要寻求别的生存之道。九溪村处于产粮区和交通线的过渡位置，这为屯堡村寨的经商活动提供了契机。九溪村与其他屯堡村寨的经商活动形成一种分工，在分工合作基础上形成了交通线与田坝区的有机组合，形成了九溪人"亦农亦商"的传统。九溪经济生活仍发扬着"重农耕、善工商"的特点，屯堡人除种植粮食作物以外，还饲养各种家禽家畜，手工业也很发达。屯堡地处交通干道沿线，这导致屯堡人在生产分工中还担任贸易和副业的生产职能。自民国初年到共和国初期，九溪村为屯堡粮食加工和贸易集散地，兴盛时 2 000 多人的村子就有 300 来人从事米生意。米的销路有五类：一是卖给本村做糯米糖之人；二是卖给本村酿酒之人；三是驮到大西桥、安顺等缺粮之地销售；四是驮到贵阳销售；五是外地米贩子来九溪采购。米生意带动了草市和与米相关的产业的发展。除上述行业外，凡是涉及日常生活和生产的行业，九溪皆有人从事，原因有三：①人地矛盾迫使九溪人寻求其他生存模式；②地理优势为九溪人从事商业提供了契机；③自然条件为九溪人从事农业提供了契机。上述原因，造就了九溪村"半农半商"的经济结构。

（二）安顺九溪村的宗教信仰和民俗文化

1. 安顺九溪村的宗教信仰

安顺九溪村有一种信仰延续 600 多年而没有被周围同化，最重要的原因就是宗教信仰观念的内聚力量。九溪人的信仰不是单一的，而是儒、释、道、巫均有。屯堡地区有大大小小寺庙多个，通常寨子小的有两三个寺庙，寨子大的有五六个寺庙。九溪村中可供从事宗教信仰活动的公共场所不少，譬如大堡的汪公庙、后街的龙泉寺、小堡的青龙禅院、村南锁水处文昌阁以及村四周的 15 处土地庙。九溪人宗教信仰之神分为家族神、民间神、历史人物神等，这些共同构建了九溪人多元的精神世界。九溪人祖宗观念极强，每家堂屋正壁都设有神龛，供奉祖先牌位及神榜。神堂祭祀为年三十，届时摆放香案，点燃蜡烛，奉上刀头肉、雄鸡、酒、茶，然后放鞭炮、烧纸钱。仪式完毕后，开始吃年夜饭。农历七月十五的堂祭也在家举行。每月的初一、十五以及节庆、庙会都要顶礼膜拜，祈求祖先和神灵庇护。每逢清明祭祖扫坟时，大摆香烛、鸣放鞭炮，尽力歌颂祖宗的恩德。七月半则在家中供奉祖先牌位，进行一系列祭祀和纪念活动。此类活动的开展为九溪村屯堡文化的延续提供了原动力。

2. 安顺九溪村的民俗文化

九溪村至今还有大量佛事活动。在屯堡人眼中，玉皇大帝、关公、灶神等神灵都被认为是菩萨，每年正月初九玉皇会、二月观音会、六月雷神会、七月中元会、十月牛王会等，都有妇女们参加的佛事活动。参加佛事活动为妇女进入中年后的必修功课。据调查，九溪村 828 户人家中参加佛事活动的就有 481 户，占 58.1%。可见，佛事活动在九溪人的生活中有着重要地位，为九溪人重要的节事活动。尤其是 2000 年和 2001 年的过河会，把佛事活动推向巅峰，参加此活动的人数达到数万人。

三、安顺九溪村汉族来源地特点

笔者据《九溪村志》①并结合实地采访，对九溪村家谱做一摘录和统计，结果如下：

明初以前在此居住的 30 多家土著……有的迁居苗寨，只有陈、张两姓有后裔，但风俗习惯已和汉族无异。早已汉苗通婚。据《续修安顺府志·安顺志》载：民国二十七年（1938 年）九溪尚住有花苗族 30 家，139 人。但从历史考证，九溪原住土著为青苗族。花苗族系从邻近苗寨迁入，现在还有杨姓……一家，但已汉化。

九溪村诸姓始祖入黔考证如下：

顾姓：原籍湖南湘潭，明洪武八年（1375 年），始祖欣成为傅友德前锋。克普定……建文四年（1402 年）十月，论功封镇远侯，递卜居安顺顾府街。

宋姓：原籍南京应天府花椒巷，明洪武十三年（1380 年），始祖宋龙奉命征南入黔，论功封武略将军指挥使，卜居安顺宋官巷。

朱姓：原籍安徽凤阳，始祖朱元心于明洪武十四年（1381 年），奉命征南入黔，是开辟九溪十大姓之一。

---

① 宋修文. 九溪村志（内部资料）[M]. 1989：53-55.

张姓：九溪村张姓人口较多，为第二大氏姓，但原籍和始迁祖各不相同，共分四个支派。

第一支：始祖张眉，原籍清河郡。入黔时间不详。

第二支：始祖张建，原籍和入黔时间不详，

第三支：始祖张教生，原籍和入黔时间不详，

第四支：始祖张义，原籍安徽凤阳府临淮县，明洪武五年（1372年），奉命随师征南，屡建功勋，署指挥事。洪武十四年（1381年）任北都佥……卜居安顺。

王姓：原籍江西太原珠四巷，始祖王荣德"调北填南"入黔。先居安顺。清初分为三大支：一支迁□□□□□；一支迁九溪；一支迁□□。

高姓：原籍南京高家院珠四巷，始祖高肇中。

赵姓：原籍江南太平府，始祖赵兴旺于明洪武十四年（1381年）奉命"调北征南"入黔。

李姓：原籍湖北，元时寄籍江西，清乾隆初年，始祖李性以钦赐花翎，特授思南营，游击入黔，卜居安顺。

肖姓：原籍江西吉安府吉安县。始祖肖授于明洪武十四年（1381年）"调北征南"入黔，论功封武略将军，卜居平坝。

牟姓：原籍山东平阳莱州府掖县，始祖牟世荣于明洪武二年（1369年），奉调征南入黔，著有《年氏家谱》。

何姓：原籍江南江宁府上元县石灰巷，始祖何其林于明洪武二十二年（1389年）"调北填南"入黔。

汪姓：原籍江南徽州府立梅林街，始祖汪灿于明洪武十四年（1381年），奉调征南入黔。

沈姓：原籍江南，始祖沈思高于明洪武二年（1369年）奉调任安庄指挥使入黔。

范姓：原籍湖南常德县（今常德市）花家湾洙四巷晒谷坪。始祖范文龙于明洪武二十二年（1389年）"调北填南"入黔。

黄姓：原籍湖北江夏，始祖黄金山于明洪武十四年（1381年）奉调征南入黔，卜居安顺，四世祖黄文选由安顺迁居九溪。

陈姓：原籍江西，始祖陈良元于明洪武十四年（1381年），奉调征南入黔，是开辟九溪十大姓之一。

姚姓：原籍及始祖不详，明洪武十四年（1381年），奉调征南入黔，是开辟九溪十大姓之一。

余姓：原籍及始祖不详，明洪武十四年（1381年），奉调征南入黔，是开辟九溪十大姓之一。

钟姓：原籍四川，始祖钟人吉于明洪武十四年（1381年），奉调征南入黔。

雷姓：原籍江西，始祖雷隆于明洪武十四年（1381年），奉调征南入黔，常住雷屯，清初迁九溪。

刘姓：原籍江西彭城，始祖刘安仁于清嘉庆年间经商入黔。

徐姓：原籍江苏东海县，始祖徐文刚于清嘉庆年间经商入黔。

谭姓：原籍四川彭水干沟鸡场，始祖谭义武于明洪武二十二年（1389年）"调北填南"入黔。

黎姓：原籍江西吉安府，始祖黎玉德于明洪武二十二年（1389年）"调北填南"入黔。

袁姓：原籍不详，始祖袁再兴于明洪武二十二年（1389年）"调北填南"入黔。

邓姓：原籍湖北南阳，始祖邓福元于明洪武十四年（1381年）奉调征南入黔。

瞿姓：原籍不详，始祖瞿宏道于明洪武二十二年（1389年）"调北填南"入黔。

鲍姓：原籍江南徽州府歙县，始祖鲍福宝于明洪武二年（1369年）"调北征南"入黔。

金姓：原籍江南应天府，始祖金益元于明洪武二年（1369年）"调北征南"入黔。

笔者根据以上资料，制成表2-4。

表2-4 《九溪村志》姓氏统计

姓氏	初迁地	迁移时间	原因	迁移过程	卜居地
顾	湖南湘潭	洪武八年（1375年）	征南	普定→建文四年（1402年）封镇远侯，安顺"顾府街"→九溪村	三支分布于毕节、黔东南、九溪村

表2-4(续)

姓氏	初迁地	迁移时间	原因	迁移过程	卜居地
宋	南京应天府	洪武十三年 (1380年)	征南	原籍南京应天府花椒巷→ 安顺宋官巷→九溪村	首居安顺后居 九溪村
张	江苏凤阳府	洪武年间	征南	安徽凤阳府临淮县→安顺→ 九溪村	九溪村
王	江西	洪武年间	不详	江西→安顺分三支,一支 镇宁,一支九溪村,一支不详	开始居住在 安顺,清朝 乾隆年间迁入 九溪村
朱	南京沙滩湾	洪武年间	征南	安徽凤阳→九溪村	始祖在九溪村, 后到镇宁、 扬武等地
黄	山西太原府 城西	洪武年间	征南	不详	始祖在九溪村, 后到云峰等地
牟	南京应天府 竹子巷 柳树湾	洪武二年 (1369年)	征南	山东平阳莱州府掖县→贵州 →九溪村	始祖在九溪村, 后到安顺等地
谭	四川彭水	洪武二十二年 (1389年)	调北 填南	四川彭水→贵州	不详
黎	江西吉安	洪武二十二年 (1389年)	调北 填南	江西吉安→贵州	不详
袁	不详	洪武二十二年 (1389年)	调北 填南	贵州	不详
邓	湖北南阳	洪武十四年 (1381年)	征南	湖北南阳→贵州	不详
瞿	不详	洪武二十二年 (1389年)	调北 填南	贵州	不详
鲍	江南徽州府	洪武二年	征南	江南徽州府→贵州鲍家屯	鲍家屯
金	江南应天府	洪武二年 (1369年)	征南	江南应天府→贵州	不详
赵	江南太平府	洪武十四年 (1381年)	征南	江南太平府→贵州	不详
肖	江西吉安县	洪武十四年 (1381年)	征南	江西吉安县→平坝	平坝

表2-4(续)

姓氏	初迁地	迁移时间	原因	迁移过程	卜居地
何	江南江宁府	洪武二十二年（1389年）	征南	江南江宁府→贵州	不详
汪	江南徽州府	洪武十四年（1381年）	征南	江南徽州府→贵州	不详
沈	江南	洪武二年（1369年）	征南	江南→贵州	不详
范	湖南常德县	洪武二十二年（1389年）	调北填南	湖南常德县花家湾洙四巷晒谷坪→贵州	不详
黄	湖北江夏	洪武十四年（1381年）	征南	江夏→安顺→九溪村	先居住在安顺，四世祖迁入九溪村
陈	江西石灰巷	洪武十四年（1381年）	征南	江西石灰巷→九溪村	九溪建村的十大姓氏之一
姚	不详	洪武十四年（1381年）	征南	洪武年间入九溪村	九溪建村的十大姓氏之一
余	不详	洪武十四年（1381年）	征南	洪武年间入九溪村	九溪建村的十大姓氏之一
钟	四川	洪武十四年（1381年）	征南	四川→贵州	不详
雷	江西	洪武十四年（1381年）	征南	不详	清代迁入九溪村
李	湖北	乾隆年间	宦游	湖北→安顺	安顺
徐	江苏东油县	嘉庆年间	经商	江苏东油县→贵州	不详

资料出处：宋修文. 九溪村志（内部资料）［M］. 1989：53-55.

笔者统计了九溪村28个姓氏，发现九溪村汉族移民的主要特点为：其一，汉族移民时间主要集中于洪武年间。九溪村28个姓氏中，明代移民就占26个姓，占比93%，只有2个姓氏为清代迁入，即湖北李姓和江苏徐姓，分别为宦游和经商入黔。其二，移民来源以江南籍和江西籍为主，占总数的53%，其他移民来自湖南、湖北、四川和山东等地。其三，汉族移民主要以军事移民为主，目的就是保护滇黔之路畅通。

第三节　川西南汉族移民文化孤岛概况
——以冕宁宏模乡、盐源长柏乡、木里项脚乡为例

一、冕宁宏模乡自然地理环境与历史沿革

宏模乡位于冕宁县东南部，距县城 27 千米，乡政府所在地吴海镇，东以安宁河为界，与石龙乡隔河相望，西与白岭乡交错，南与先锋乡接壤，北与复兴乡交界。宏模乡地处安宁河西侧，西北高，东南低。新阳村、文家屯位于公鹅山东麓冲积扇平原上，属安宁河谷北部西岸台地腹心精华地段。土地平旷，阡陌纵横，生就"金盆养鱼"的地貌，有稻田 1 119 亩，为全县有名的"粮油之乡"。宏模乡面积约为 65.1 平方千米，人口 1.4万，冕（宁）先（锋）公路过境，交通十分方便。早年森林覆盖茂密，由于 20 世纪 60 年代砍伐严重，低山一带出现荒山。此地属于亚热带季风气候，冬暖春早，干湿分明，气温年差较小，日照一年在半数以上。宏模乡管辖松盛、文家屯、力争、四和、青龙、胜优、新阳、山河、半边山、孜家山和拉白 11 个村。

安宁河汉族祖先大都在明朝年间集中迁徙而来，安宁河谷汉族比云、贵地区汉族迁入稍晚。洪武十四年（1381 年）征南和统一滇、黔之后，明朝廷在安宁河流域设置土卫所（建昌卫、会川千户所）和土府（建昌府、德昌府、会川府）进行管理，形成以土官治理土人的格局，当时汉人数量稀少。洪武二十五年（1392 年），朱元璋派蓝玉率兵平定月鲁铁木尔叛乱之后，为了加强对安宁河谷的统治，沿着安宁河流域设置越西、宁番、建昌、建昌前、会川、盐井六卫及镇西、冕山、礼州、礼州中、打冲河中前、打冲河中左、德昌、米易八守御千户所。明朝末年，安宁河流域共形成 5 卫、8 所、7 关、54 堡、72 屯的军事格局。新阳村原名"杨秀"，1958 年改为现名，老百姓仍习惯性称之为"杨秀村"。

二、冕宁宏模乡的社会形态

(一) 冕宁宏模乡的经济生活

宏模乡人主要以从事农业为主，种植水稻、小麦、玉米、油菜，副业从事养蚕和花岗岩、铁矿石采掘以及石材加工、酿酒等，其中以养蚕为主。稻田利用率很高，一年可耕种两次，产量高，亩产两季可达 2 000 千克。经济作物丰富，包括早熟的蔬菜，还有柿子、西红柿、黄瓜、青椒、大葱等，还饲养有猪、牛、鸡、鸭、鱼等。宏模乡人所处的地区交通方便，自然条件好，加上人们手脚勤快，这一带汉族经济条件不错，人均年收入可达 6 000 元以上。

(二) 冕宁宏模乡的民俗文化

冕宁位于四川省西南部，境内有大量少数民族存在，位于汉族与少数民族杂居地区，汉族岁时习俗明显受到少数民族的影响。川西南与云南省邻近，风俗亦受到云南风俗的影响，同时受到成都平原的影响，岁时习俗呈现多元化特征。本地汉族岁节以春节、端午、中秋为三大节日，其他尚有火把节、中元节两个重要节日。冕宁宏模乡火把节隆重而独具特色，规模宏大，观者云集。白天诵经，黄昏点燃火把。川主庙前的火把高丈余，粗两围余，上设置焰火桶数个，届时点燃焰火，五彩斑斓，令人目不暇接。此地受藏族影响，重视与佛相关的节日，有迎佛风俗，与佛相关节日有大烛会、九品烛、九皇会、盂兰盆会、蟠桃大会、观音会、大佛会等。其中二月初八大佛会最为隆重、宏大，"自二月朔日起，汉女番妇妆饰入城，献花进香，口喧佛号，手击钹鼓，俯伏蒲团，竞诵经卷，观者云集。市香烛者万计，还愿饰扮功曹鬼族者千计。至初八日，大佛出游巡四街，高桩遐举，旗帜横飞，盈溢闾巷，男女混杂"①。此地受到成都平原风俗的影响，重视"游百病"，但是在这一地区，"游百病"更加重视其实用价值。

三、冕宁宏模乡汉族来源地特点

新阳村有 1 824 人，苗族、藏族、彝族 5 户，其余为汉族，凌、杨、

---

① 李昭，李英. 成丰冕宁县志：卷2·风俗 [M] //据成丰七年 (1857年) 刻本影印. 马忠良，等. 中国地方志集成：四川府县志辑. 成都：巴蜀书社，2017：1005.

葛、郑、萧五大姓有 1 194 人（占全村总人口的 65%），其中杨姓 310 人，凌姓 254 人，郑姓 253 人，葛姓 240 人，萧姓 137 人，其余为数量较少的杂姓。采访新阳村，笔者得到了该村干部的大力支持，村上派了热心宗谱文化的村文书、杨氏第 17 世孙孙媳郑淑华和朱医生做向导，协助笔者对新阳村主要姓氏进行调查。

新阳村杨姓灵房子灵牌[1]原文：

杨氏一家原籍江南京都苏州府新阳县青石桥杨半街，八翰林一将军。大明洪武初登大宝，南京地密人稠，设法迁民。吾始祖因酒失言，奉法迁居于宁番卫百户军，安居杨秀也。四祖杨彪迁居越嶲王大屯，七祖、八祖杨武、杨聪迁居建城涌泉街。

新阳村凌姓族谱[2]原文：

凌谷惠，妣沈氏无出，后娶孟氏。弟兄三人同父到任。父亡，发父丧回省后，惠无子，因念孤身无靠，尽将家业出变，随带家奴、黄金白银赴川。亲至途中，被盗劫戮，只逃使男一人到川报信。

凌谷戬，妣孟氏，承父职，武宗时封为骁兵将军，镇守铜槽站。生三子，长天思，次天佑，三天祥。卒葬铜槽站。

凌谷足，妣汪氏，兄移居邓家湾，与邓公共处。生二子，长天德，次天福。卒葬邓家湾。后天德、天福皆乏嗣。

二世祖

凌天思，妣汤氏，生子志交，早逝，葬铜槽站。

凌天佑，妣袁氏，生子志华，前葬铜槽站，后移白土。

凌天祥，妣黎氏，生子志士，葬白土，贡生。

三世祖

凌志交，妣袁氏，元末封威远将军，同天祥、志华移居白土。

……祖职袭父职，而镇守南川，安抚番夷。始苴兹土，东有凉山夷，西界有儿思嬷嬷……

始铜槽而移冕山，迁邓湾而居白土……或移后山，或下会理，或迁水城……

---

① 杨姓灵房子灵牌，藏于冕宁县宏模乡新阳村杨家灵房子。
② 凌氏族谱，冕宁县宏模乡新阳村凌秀江所藏。

新阳村谢氏族谱①原文：

谢冠，生南京，洪武二年（1369年）奉命来斯，为后所三名总军。先住在罗脚屯，落业建昌，嗣因抚边之责难辞，移住小白关，镇守凉山十余年……

冕宁谢氏家族从12世纪起排辈份，六句三十字排行：

绍绪云成（程）锦，

继仕泽远昌，

富贵荣华正，

平民宇定生，

思向圣贤齐，

忠孝显家声。

新阳村郑氏族谱②原文：

明洪武十六年（1383年），觉政奉旨随傅友德、蓝玉、沐英统征（四川、云南、贵州）至建昌，三年奏凯。驻建将士亦就地垦荒戍边纳粮，旋即筑城，洪武二十三年（1390年）告竣。其后安镇、立府、建厅、设卫。

新阳村杨氏族谱③原文：

……杨秀，明洪武至成化年间（1393—1487）人。其父范越公（姚张氏）因酒后失言遭贬，于明洪武初年由江南南京苏州府新阳县（今昆山市）青石桥杨半街，迁来宁番卫（即冕宁）百户军。后以"杨秀"更改地名，继而以祖籍定名"新阳"。落地生根，计生八子：兰、龙、虎、彪、秀、文、武、聪。秀公排行第五。相传，秀公出世时红云满天，霞光万丈，山岭生辉，溪水照彩。后娶妻武氏，亦人丁兴旺，脉茂流长。迄今600余年，后裔繁衍已至20代。

……堰八公，明代嘉靖至弘光年间（1558—1646）人。震公后裔，原籍江西金溪县青石板大石桥猪市巷。明万历三十六年（1608年），月鲁铁木尔叛乱，烧杀掳掠，杀西昌县衙把事（官吏）七人。兰当奉旨挥师进剿，堰八公任前敌指挥，一年获捷。亦奉命原地屯垦纳粮。自此，定居冕

---

① 谢氏族谱，冕宁县宏模乡文家屯谢成全所藏。

② 郑氏族谱，冕宁县宏模乡新阳村郑淑华所藏。

③ 杨氏族谱：卷首［M］．现藏于曲靖市档案馆．

宁、中屯大堡子、大塘湾，后扩展至宏模、高枧等地。至今已 400 余年，后裔繁衍已 16 代，人口达千余人。

辈份字派是：

职春光泰茂世林朝启桂荣昌发德兴开，

学士云集华国文章宋兆崇远克明浚建，

靖廷安邦鸿恩沛泽绍修人纪长寿齐全，

乐善徽应显忠绪良家清怀顺有相天道。

新阳村朱氏族谱①原文：

……有如我朱氏，先祖于明朝洪武年间自金陵应天府青石桥朱氏巷来冕宁，监管宁番卫至今 640 多年，后世子孙繁衍 20 多代了。

……我先祖辈来到宁番卫（冕宁）后，分别居住在回坪滥石窖、峡口、朱家河心、哈哈等地。居住滥石窖之先祖为了一祖公。但初来冕宁时，并非居住在滥石窖。据祖辈传说，当时他肩负皇命，监管宁番卫。到冕宁后，娶宁番卫步指挥使的千金小姐为妻。步小姐为步公之掌上明珠，深得步公疼爱……

关厢三分屯的陈姓族人，他们的先祖便是和我先祖同时一起来到冕宁的。两姓之间似乎有着非常深厚的历史渊源。……只是因为年深日久，我族族谱又失，这种渊源现在已经说不清道不明了。但这种历史渊源肯定是存在的，因为 20 世纪初（民国年间），冕宁西街有一座江南馆，那便是朱、陈两姓和其他祖籍都是江南的氏族共建的会馆。

斗转星移，物是人非，远离家乡故土的游子，必然会产生浓浓的思乡之情。为了抒发、宣泄这种乡情，朱、陈等姓出资共建了这座会馆，作为聚会、祭祖、联络情感的公共场所。因为大家的祖籍都是江南，因此，这座会馆就被称为"江南馆"。具体位置就在现在老粮食局内。……

后来，不知发生了什么变故，我先祖没有在关厢居住下去。或许居住的时间不长，又开始第二次搬迁。第二次他选定了朱家院，就是现在的回坪乡许家河村三组。朱家院位于冕宁县城到泸宁营的驿道边，交通十分便利，遗址至今尚存。这个村落也是因我朱家先人居住而得名"朱家院"的。

---

① 朱氏族谱，冕宁县宏模乡新阳村朱医生所藏。

滑稽的是，现在朱家院没有一户姓朱的住户，真可谓"有其名而无其人"。

二世祖文翰、文耀、文炳三公分别为回坪朱姓三房之始祖。文翰公妣为步氏，文耀公妣亦为步氏，文炳公妣为周氏。遗憾的是长房始祖文翰公及妣氏碑被毁；二房始祖文耀公葬滥沟背后，有碑志，妣氏碑被毁，故葬处不详，待考；三房始祖文炳公及妣氏均葬石钱，碑志被毁，有灵牌。

回坪朱氏的字派二十字为：大、仕、维、联、孔、廷、德、万、国、宗、荣、先、明、志、学、世、绪、显、洪、忠。

居住峡口的先祖为国泰祖公。其墓葬于响水埠，墓志云："昔我祖朱贵武，幼居江南，壮来冕邑，住居左所……"。

文家屯邓氏祠堂①碑文：

……洪武十四年（1381年），以颍国公友德为征南将军征云南，凉国公蓝玉、西平侯沐英副之，公以指挥从，……加公征南副将军，进抚小云南（今西昌），公携夫人郑氏及家将百余，周、吴、邓、王与焉。

文家屯村邓学仕碑刻②原文：

……公讳学仕，幼失怙恃，无力向学，即长从戎，随征陕甘，逆徊奔驰，跋涉边陲二十年，卒以军功奖叙。在清光绪十二年（1886年）蒙陕甘总督□奏，赏给六品顶戴，荣归后贫无立锥，遂到凹古脚躬耕，营业历年，铢积寸累，省食节用，稍有储蓄，始返故乡，幸称富有而公之精血瘁矣。

文家屯征南副将军邓端一碑刻③原文：

岁在庚寅，序属三春，际兹盛世，崇封祖陵。始迁祖端一公者，乃始祖明宁河王邓愈之子。王有八子，端、宝驻冕，其余落业京、皖、苏、甘、湘、赣等地。洪武十四年（1381年）公以指挥从颍国公傅友德征云南，勋劳懋著，加公征南副将军。洪武十六年（1383年）进抚小云南（今西昌），底定全域，旋移驻菩萨渡，代管留守苏州邑（今冕宁县）。洪武二十三年（1390年），邓宝公统兵补镇，臂助胞兄端一共襄王事。永乐四年（1406年），成祖以成国公朱能为征夷将军，征安南（今越南），调

---

① 邓氏祠堂碑，藏于冕宁县宏模乡文家屯振声祠堂。
② 政协冕宁县委员会. 冕宁碑刻选集（内部资料）[M]. 2010：32.
③ 政协冕宁县委员会. 冕宁碑刻选集（内部资料）[M]. 2010：34.

54　西南地区传统汉族民居文化变迁研究——以滇东、川西南、黔中屯堡为例

公助战，授武显将军。公携子松兰斩恩往征，失机落陷，还葬斯土。公之佳城居中，始迁祖姚郑氏一品夫人墓立左前侧，其右则宝公与郑氏淑德夫人合葬冢也。是故，菩萨渡为宁河堂冕宁邓氏所共有之祖茔。

新阳村杨明碑刻①原文：

从来木有本而枝叶茂盛，水有源而脉别支分，人有宗祖亦犹是也。溯厥杨公代居七世，虽系懋吴公之子，竟成独奉堌篦，年甫六龄，随父定居西邑。生质精敏，体态魁梧，虽日诵读，每于艺圃之技尤为要务，厥后弃学从戎，娴习弓马。始则小试各汛，继则千把常膺明，而禄位显荣，升授盐井子□，此正奋勇前趋，拜祭朝廷夫何宦……

新阳村郑逊志碑刻②原文：

吾亲派本自江南祖籍来川，代三□治业兴家，昭父德贻谋燕翼，为儿男敦诗说礼，堂前训克俭克勤，膝下谈从此分离。归□□后裔，必大出衣冠。

新阳村郑渐鸿碑刻③原文：

我祖考公乃宁郡之伟人也，亦台登之善士也。其温恭淑慎习以成性，而自如学德宽仁，本乎天真而流露。所最不忘者在忠厚持己，泯其矜骄，尤讷其言。

宏模乡山河村陈仲华碑刻④原文：

始祖仲华大人者祖籍颍川，迁居建业。迨大明洪武由江南而入西蜀，筑室于兹。大人之勤俭持家、温恭处世、广行阴骘、垂裕后昆者，耳闻大德而非目睹典型也。第思自明洪武迄今上下六百余年，传十八世，族内之移居外境者户口难稽，即以本邑计之亦已不下四五百家……

宏模石龙乡和平村王弘道、张太君合墓碑刻⑤原文：

……始祖原籍山东省东昌府莘县，晋朝宰相王祐祖公三公三槐长子王旦文正公之后，因官河南省开封府祥符县遂家焉。历至明朝祖公奉旨，敕

---

① 政协冕宁县委员会. 冕宁碑刻选集（内部资料）[M]. 2010：66.
② 政协冕宁县委员会. 冕宁碑刻选集（内部资料）[M]. 2010：106.
③ 政协冕宁县委员会. 冕宁碑刻选集（内部资料）[M]. 2010：108.
④ 政协冕宁县委员会. 冕宁碑刻选集（内部资料）[M]. 2010：76.
⑤ 政协冕宁县委员会. 冕宁碑刻选集（内部资料）[M]. 2010：22.

赐旗驿将军半边纱帽一只靴，随带小军十名至守番卫镇守。地方二世祖王二官为下四所所官，汉夷两管。落业此堡，因姓取堡故为王二堡。传至六世祖德新、业新二祖，雅州开科，德祖入文业，业祖入武为右所营，所官铜板铁册世远年湮，至今无存。其后贡监文武生员辈出……

据家谱记载，新阳村凌、杨、葛三姓为明初移民，郑、萧二姓为清初移民。《凌氏家谱》记载，凌姓祖辈凌谷戳，子承父职为征南的一名将军，镇守南川，平定夷乱之后移居铜槽站（今喜德县登相营），再迁冕宁，最后定居邓湾白土。明末，其子孙分为三支，"一支迁入后山，一支迁入会理，一支迁入水城"，清晚期新阳村凌姓从后山迁入，至今已有 26 代。

新阳村葛姓始祖葛显祖、葛显宗兄弟，祖籍安徽省凤阳县葛家村。明洪武年间迁入杨秀，至今已有 24 代。嘉庆年间，葛家出了一个叫葛王每的进士，为冕宁名人，其在县城创建了文昌宫。

郑、萧二姓为清初移民。郑姓始祖郑子珍为江南人氏，明末清初由四川迁入冕宁。郑姓最先居住在大桥北山关，后居城南三分屯，最后定居杨秀，至今已有 15 代人。萧姓始祖萧大朝、萧大棋，原籍江西省吉安府太和县千秋乡，康熙年间来建昌（今冕宁县城厢镇）做生意，其后迁居泸沽，最后卜居于冕宁之吴海。清雍正六年（1728 年），萧大棋定居杨秀。

上述材料显示，新阳村村民大多来自明朝初年，已有 600 余年历史。不同时期，不断地有移民进入，譬如朱家、郑家、萧家为后迁清代移民，共同创造着"肇始于明初，中兴于清一代，盛极于当今之世"的局面。可以看出，新阳村是一个典型的"移民村落"。它不仅是安宁河流域元、明、清移民历史进程中的"活化石"，而且也是元、明、清移民文化冲突、交汇、融合的"入海口"，彰显了新阳村"豁达包容、和谐共荣"的精神。

从统计结果看，宏模乡汉族来源地特点如下：其一，移民主要集中于明洪武年间迁来，只有两姓为清代迁来；其二，来源地多为江南和江西地区，其余来自安徽、山东等地；其三，明初移民以军事移民为主，军事防御目的凸显，沿四川边界设置卫所，一方面控制边疆少数民族，另一方面方便于行政权力的延伸；其四，冕宁明初军事高级官员多为江南籍。

四、盐源长柏乡、木里项脚乡自然地理环境与历史沿革

盐源县位于四川省西南部，东与西昌市、德昌县、米易县隔江相望，南与盐边县接壤，西与云南省宁蒗县交界，北与木里藏族自治县、冕宁县相连。境内山峦重叠，河流环绕。长柏乡位于县境西部，距县城97千米，面积246.8平方千米，人口1万左右。长柏乡管辖黑地、中梁子、长柏、故支、荞满、白杨、央脚和扶马8个村。长柏乡森林覆盖面积较大，全乡森林面积3 800公顷，主要植物为云南松、桦树、香樟、紫金杉等贵重木材，境内有贝母、茯苓、党参、天麻等野生中药材及松茸、蘑菇、木耳、鸡枞等菌类。此地垂直气候特征显著，素有"一山有四季、十里不同天"之称，具有雨季集中、干湿分明等特征。年均气温12.1℃，最高温度30.7℃，最低温度零下11.3℃，日照一年在半数以上。盐源地处地槽与地台之间的过渡地带，跨两个地层区和三个地层分区，地质构造极其复杂，为攀西南裂谷型成矿带的重要组成部分，矿产资源丰富。盐源为川西南一条重要的民族走廊，多个民族在此杂居，当地有汉、彝、纳西、蒙古、藏、回、傈僳、壮等14个民族[①]。

据《盐源县志》记载，盐源县已有2 140余年的建县历史，县名几经易名。汉称"定筰县"，唐称"昆明县"（中唐时曾易名为"香城郡"），宋称"贺头甸"，元称"柏兴府"（后易名为"润盐州"），明称"盐井卫"，清雍正七年（1729年）定名为"盐源县"并沿袭至今。盐源县在1952年设长柏乡，1972年改公社，1984年复置乡。

木里藏族自治县地处四川省凉山彝族自治州的西南部，北与理塘、雅江接壤，东北与九龙隔雅砻江相望，东接冕宁，南依盐源。项脚蒙古族乡位于县境东南，北倚白雕苗族乡，南接芽祖、列瓦两乡，东邻大坡蒙古族乡，西连博凹乡。木里项脚乡管辖3个行政村，有19个村民组、24个自然村。这里生活着苗、回、白、蒙古、彝、汉、藏7个民族，共478户，3 204人，其中蒙古族占43%，彝族占42%，汉族占13%，其他民族占2%。木里项脚乡政府设在上沟村，距县城35千米。这里交通闭塞，经济、

---

① 《盐源县志》编纂委员会. 盐源县志 [M]. 成都：四川民族出版社，2000：180-194.

文化也不发达。虽距县城只有 35 千米，汽车在山路中却要行驶四个小时。乡政府所在地上沟村为南北走向，长约 5 千米，周围植被很好，森林覆盖面积大，全乡森林面积 3 800 公顷，主要植物为云南松，此外，还有桦树、香樟、紫金杉等贵重木材。据《木里县志》记载：过去野生动物众多，如岩羊、麂、猴、野猪、野鸡、熊、兔等。由于森林资源不断被破坏，现在野生动物已较少。"一山有四季、十里不同天"为木里气候的真实写照，这里气候温和、水源充足、土壤肥沃，坝区种植水稻，高山地区种植土豆、燕麦、荞子、元根，适合人类居住。

据《木里文史资料》记载：木里原为盐源县属地，1953 年木里成立自治县，木里脱离盐源县正式成为独立的县级行政单位。1955 年原西康省撤销后，木里划归四川省，为木里藏族自治县，至今未变。

五、盐源长柏乡、木里项脚乡的社会形态

（一）盐源长柏乡、木里项脚乡的经济生活

盐源长柏乡、木里项脚乡地处高山地区，交通闭塞，土地资源有限，经济生活为农耕与畜牧业并重。饮食方面，米面兼食，成年男子嗜酒，全民嗜茶。当地居民早上尤喜酥油茶、蒸馍和土豆，由于蔬菜少，其经常以山间的野菜、菌类作为补充，春节时喜欢做腊肉，平时吃腊肉和菜豆花，只有宰猪的时候才吃鲜肉。平时饮食花样简单，但在婚丧嫁娶之时，大多要办"九大碗"。由于交通不便，传统文化在此得以较为完整地保存，譬如晚清汉族服饰、汉族的祖先崇拜等。大山封闭一方面成为保护传统文化的天然屏障，另一方面也阻碍了村落汉族与外界的交流和学习，导致一些传统习俗至今仍有留存。笔者在长柏乡黑地村考察时，发现村中重男轻女思想严重，表现为汉族家庭，男子当家，女子地位低下，就餐时不能与男人共桌，等男人用餐完毕，方可上桌。

（二）盐源长柏乡、木里项脚乡的民俗文化

木里项脚、盐源长柏位于四川西南，境内有大量少数民族存在，位于汉族与少数民族杂居地区，汉族岁时习俗明显受到少数民族影响。其风俗受到云南和成都平原影响，岁时习俗呈现多元化特征。本地汉族岁节以春节、端午、中秋为三大节日，其他尚有火把节、中元节两个重要节日。岁末时，有"团年"习俗，春节年夜饭要祭祖、祭神，当家人要在神位前点燃香、烛、纸钱和供奉三牲（猪头、猪臀要带尾巴、全鸡）；除夕夜在门上、窗户上打封印纸，谓之"封财神"，正月十五才启封，同时在堂屋内铺松针叶，房屋两侧各插一松树枝，意为万年青——此举与云南相同，之后吃饭、守岁。三月初三的土蚕会，不动土，到地里去烧香祈福，有的烧十二副长钱，有的炒苞谷吃，还有的吃土蚕。三月十五日财神会、三月十六日山王会以及四月二十八日药王会，都要宰鸡、烧纸钱。清明节、端午节、七月半、中秋节与内地汉族习俗相同。

六、盐源长柏乡、木里项脚乡汉族来源地特点

盐源汉族在全县6个区46个乡镇均有分布。人数在万人以上的乡镇有：盐井镇、双河乡、干海乡、卫城乡、梅雨乡，人数在万人以下的乡镇有：海乡、合哨乡、树河乡，汉族较少的乡镇有：平川、马鹿、藤桥、长柏、甘塘、洼里、麦地、前所、右所、田湾、金河、沿海。笔者对盐源长柏乡长柏村、木里项脚乡阿牛窝子汉族村进行调查，收集了几大家族族谱。

长柏村任氏家谱①原文：

祖籍湖广宝庆府麻城县孝感乡大桥头十字街居住……任天成，四川建南道宁远府西昌县单宁县浦里州鱼水臭水沟居住。……道光二十二年（1842年），任仕聪，四川建南道宁远府盐源县郭地板隔房生……

长柏村田氏家谱②原文：

三十一世祖田万顷于大清康熙初年，由贵州迁移到四川省铜梁县永安里……三十五世祖又迁移到云南省昭通市炎山区松乐村……

长柏村邓氏族谱③原文：

始祖端一公，江西抚州府临川县马祠堂人，袭爵魏国公，录指挥使。明洪武十四年（1381年）辛酉秋九月，颍国公傅友德为征南将军征云南，以凉国公蓝玉、西平侯沐英副之，公以指挥使从。十六年（1383年）癸亥春三月，颍国公还，西平侯留镇，加公征南副将军，进抚小云南，即今宁

---

① 盐源长柏任氏族谱：卷1［M］.盐源长柏任广洪所藏。
② 盐源长柏田氏族谱：卷1［M］.盐源长柏田家勇所藏。
③ 盐源长柏邓氏族谱：卷首［M］.盐源长柏邓家勇所藏。

（远）府（现改西昌）。……后改宁番卫（现改冕宁县）……又远移者盐源黑地（今盐源县长柏乡境内）。……端一祖奉命来冕经历二十余代，早称旺族……第十五世祖邓学荣"移民黑地"，至今传四代，约100年。邓姓今在盐南各乡镇及左所、树河、右所等区皆有分布。

谢姓，据《谢氏宗谱》① 记载：谢氏祖籍湖南永州府零陵县归德乡，始祖谢三明，生于清乾隆乙未年（1775年），逝于盐源县河边（今干海乡），定居盐源约200年。谢氏为盐源旺族，子孙遍及盐源各地。

谭姓，据《谭氏宗谱》② 记载：谭氏祖籍湖南长沙府湘乡县。清乾隆第14代谭永月随兄定居盐源县南乡（今金树河）官房沟（今麦地乡）大沟口水打坝，已经繁衍24代，约250年。

周姓，据《周氏宗谱》③ 记载：周氏祖籍湖北武昌，乾隆年间迁入盐源，迁入有三代，分别为：周廷柱（第14代），周学潘、周学斗、周学成（第15代），周必喜、周必金（第16代）。至今繁衍22代人，分居盐井、卫城、梅雨、干海等地。

《李氏族谱》④ 原文：李氏迁入盐源的支系甚多，李氏（下海乡沙坝）原籍湖北孝感。清康熙年间，迁入盐源柯家湾子（今干海乡）至瓦石村（今干海乡沙坝村）一带定居，至今繁衍22代，约300年，子孙遍及盐源。

木里项脚乡阿牛窝子村32户人家为汉族，主要为宋、郭、刘、袁、王五姓，其中宋家10户、刘家3户、王家5户、郭家10户、袁家4户。周围生活着蒙古、彝、汉、藏、苗、回、白等民族。项脚汉族互相开亲，彼此基本互为亲戚。项脚汉族说汉语，使用汉字，小部分人通晓蒙语、彝语和藏语。

---

① 《盐源县志》编撰委员会. 盐源县志［M］. 成都：四川人民出版社，2007：1046-1050.

② 《盐源县志》编撰委员会. 盐源县志［M］. 成都：四川人民出版社，2007：1046-1050.

③ 《盐源县志》编撰委员会. 盐源县志［M］. 成都：四川人民出版社，2007：1046-1050.

④ 《盐源县志》编撰委员会. 盐源县志［M］. 成都：四川人民出版社，2007：1046-1050.

木里项脚《郭氏族谱》^① 原文：

原籍湖广省黄州府麻城县孝感乡……，始祖张士朝生于……四川建南道盐源县管下小地……

木里项脚《宋氏族谱》^② 原文：

宋公相廷于同治丁卯年（1867年）八月生于四川省盐源木里后所大树沟……

依据上述材料，木里项脚汉族祖先大部分为清代"湖广填四川"时迁入，笔者查阅的《木里县志》所记载内容与此相近。木里汉族移民始于18世纪，18世纪有25户，19世纪初有45户，19世纪20年代、30年代、40年代分别有72户、28户、14户。来源地主要为四川盐源县、冕宁县、九龙县、洪雅县、成都府以及云南省宁蒗县和陕西，广东等地。《宋氏宗谱》记载，宋氏先祖于清光绪二十年（1894年）从湖北孝感迁到四川盐源县木里司上麦地（今四川省木里县上麦地乡），转迁冕宁县、云南省宁蒗县，最后由于民族纠纷而定居木里项脚^③。

综上所述，盐源长柏乡、木里项脚乡汉族移民来源地有如下特点：其一，长柏乡和项脚乡汉族祖先大都来自清代，这在道光《会理州志》卷9《四川总督常明奏疏》中有所涉及：清嘉庆初年，长江以北各省爆发白莲教起义并波及四川，遭到清朝廷的严厉镇压，社会动乱，迫使四川的汉族农民逃入大渡河以南的凉山彝族地区，其中约有31万人分布在盐源和会理两地，其余则分布在西昌、冕宁等地。又有《清史稿·常明传》记载"有汉夷共处一处者，有汉夷间杂零星散处者，有汉民自成村落者"。其二，长柏乡和项脚乡汉族祖先大都来源于湖广。长柏乡和项脚乡汉族有17个姓氏，来自湖广的就有12个，木里项脚乡的宋、王、郭姓都存有祖先来自湖广的家谱，盐源长柏乡谢、谭、周、李姓等来自湖南和江西，也有家谱可查。时至今日，清代迁入长柏乡和项脚乡两地的汉族，聚族而居，不与当地少数民族通婚，习俗亦有别。

---

① 木里项脚郭氏族谱：卷1 [M]．木里项脚郭朝发所藏。

② 木里项脚宋氏族谱：卷1 [M]．木里项脚宋绍发所藏。

③ 唐亮．木里县项脚汉族调查报告 [J]．中华文化论坛，2002（4）：7．

第三章　西南地区汉族孤岛民居建筑的分布与变迁

民居建筑更能体现三个区域（滇东、黔中、川西南）对原乡环境的重建。著名乡土建筑专家季富政先生指出，西南各省民族混居，民居特点已经面目全非，但多少都带有中原和当地的印记①。在历史上，纵观西南民族地区的建筑风格，其在很大程度上受到汉族文化的影响，汉族和少数民族主要通过文化交流、宗教传播、民族迁移等途径进行建筑文化上的相互学习和借鉴。从少数民族建筑与汉族建筑文化相互影响及彼此渗透的情况来看，汉族民居由于其系统性的优势性和技术上的成熟性，一直是少数民族民居建筑的重要参照物。少数民族建筑文化在接触汉族建筑文化之初或之前一直处于孕育或发展状态，由于其不可避免地带有质朴性和原始性的特征，有时候显得不够成熟，在面对中原强势汉文化的冲击时，容易被汉化，同时其本身所具有的民族风格和地域特征又丰富、充实了中国建筑文化②。

第一节　滇东汉族民居建筑的分布及其特征

汉文化在云南传播的过程同时也是云南本土建筑逐渐汉化的过程，此

---

① 季富政. 巴蜀城镇与民居 [M]. 成都：西南交通大学出版社，2000：151-154.
② 赵慧勇. 合院式民居在云南的发展演变探析 [D]. 昆明：昆明理工大学，2005：45.

过程经历了从当初的被动效仿到主动学习、从相互抄袭到相互融合的一个过程。关于云南汉族民居的文献记载始于东晋，证据为昭通后海子发掘的东晋太元年间古墓壁画，上面画有三座房子，皆为汉式坡顶重檐木结构，是典型的中原建筑形象。由此可见，当时的滇东北已经开始用瓦盖房。魏晋时期，云南已出现与汉式建筑形态、结构相似，并使用斗拱及砖瓦、石灰等材料的楼房建筑。元代以后，云南正式归附中央朝廷，以汉式建筑为特色的州府衙门作为官方建筑的代表正式进入云南，为云南地方建筑的汉化提供了模版。明清以来，云南地区建筑的汉族色彩日趋浓烈，大量的汉族移民植入，使汉式民居真正在云南得到广泛传播，并出现了各种版本和变体。

一、滇东"一颗印"民居建筑的演变

滇东地区早期民居以彝族土掌房为主体民居建筑，明代汉族的大量迁入，引发了民居建筑的大发展，形成了"一颗印"①（图3-1）"四合五天井""闷楼"等多样式的民居格局。民居建筑的变化多受当地的自然环境、材料、民族文化等因素的制约。"一颗印"民居的由来，部分学者认为是汉式合院式建筑在云南的一种变体，滇中、滇东的"一颗印"民居最早出现于明代，是云南本地土掌房民居受汉式风格建筑影响而形成的产物②。

---

① 滇东地区房屋被称为"一颗印"，其典型特征是方正。其平面布置为正房三间，两侧为东、西厢房，正房对面围墙正中设一扇正门，有的设有倒座和屏风。倒座的进深，因为经济情况而有增减。汉族的正房、耳房均为二层楼。倒座多数为平房，空间极矮，正房较高，耳房矮一些，正房标高比耳房高出30~40cm，以突出其主导地位。楼梯设在耳房与正房的拐角处，楼坡度较陡，占地少，楼下节约大量的空间用来堆放杂物，体现其实用性。长辈居住在正房。中间为天井，天井空间狭小，狭小的天井可以避免阳光直射，形成内敛、紧凑的生活空间，方便高原人民户外活动。因天井的面积狭小，有的正房的堂屋不设隔断，正好与正房前的檐廊、天井连成一体，形成一种典型的复合空间，亦外亦内，是最具生活情调的生活空间，人们可以在这里进行会客、日常起居等活动。为安全起见，房屋四周都不设窗户，从天井采光，突出其封闭性，只在二楼开设小窗以供有限的通风采光，前面的围墙较高，外观造型显得方方正正，方正如印（参考图3-1"一颗印"民居），"一颗印"名称由此而来。参见：刘晶晶. 云南"一颗印"民居演变与发展探析 [D]. 昆明：昆明理工大学，2008：11-16.

② 赵慧勇. 合院式民居在云南的发展演变探析 [D]. 昆明：昆明理工大学，2005：18.

图 3-1 "一颗印"民居

资料来源：百度网。

滇东地区彝族早期的土掌房比较原始，形制为房屋三面靠崖或靠山坡修建，外面呈敞开状态，平顶。后来有人修房不筑后墙，直接将搁栅搭在后坡上，形成后墙一面靠崖的民居。随着时间的推移，土掌房开始脱离坡崖，演变成完整的一幢，即早期正三间住屋类型。在汉文化因子的影响下，彝族的正三间土掌房，改平顶屋为坡瓦顶，随着家里人口的增加，加盖为两层楼，再在室内搭个楼梯上下，但比较不方便，于是就出现了羊角厦部分的室外楼梯。泸西、弥勒有这种正三间带一个或两个羊角厦的住屋形式（详见图 3-2 三间两耳民居）。

随着经济条件的好转、家庭成员的增多，原来的正三间已经满足不了住房的需要，需要在外面加盖厢房来缓解住房压力。通常情况下，厢房盖一层，正房盖二层或一层，这样正房和厢房组成一个院落，此时民居类型为单幢独院式民居向三合院、四合院院落式民居过渡。正房和厢房之间错开形成一个采光的小天井（内院），但是顶部有屋椽。内院的演变遵循了这样的规律：由无院式演变为有顶院式；由有顶院进一步扩展、变化，变为无顶内院，并形成规模可大、可小，形式多样化的内院系列。新平、峨山境内有这种三间两耳或三间四耳的民居类型。其形制为正房三间，厢房为两间或四间的平面布局模式，只不过对其形制进行了变通，对天井进行了扩大，外加盖汉式坡屋瓦顶、汉式木构架、用倒八尺围门，从而演变成今天我们所见的"一颗印"民居。当然，在演变过程中出现了一些过渡类

图 3-2　三间两耳民居

资料来源：百度网。

型，例如建水附近土掌房屋顶局部出现瓦片，通海地区的三间两耳式"一
颗印"就是在两厦之间加了围、外墙和大门而形成内向型空间。总体而
言，滇东汉族"一颗印"民居是在彝族土掌房的基础上发展变化而来的一
种形式。

　　笔者对彝族土掌房和"一颗印"进行比较后得出三点认识：其一，两
者在结构和形式上有着明显的文化传承性，"一颗印"在土掌房的基础上
增加汉式木构架和坡屋顶，并将其采光天井扩大后形成一种变体。明代滇
中、滇东彝族为了适应两地雨水丰富、风大的气候条件，接受汉式建筑先
进技术的影响，对土掌房进行革新，创造出"一颗印"式民居。滇东地区
汉族民居四周高墙屹立而封闭，是为了满足居住者之生理与心理安全方面
的需要，符合汉族"关得住，锁得牢"的防卫心理诉求。其二，两者的民
居建筑在适应环境的动机上，彝族和汉族都选择了地方自然材料——土，
选择这种可循环使用、取之不尽的材料。其三，从建筑平面看，两者皆是
三间两耳倒八尺的布局，强调建筑封闭性与稳定性，凸显两者原始的生态
意识及建筑可持续发展的环境观念。彝族迁入坝区和汉族杂居在一起，相
互之间的影响不可避免，彝族受到汉族的影响较大，彝文化渐渐演变成具

有汉彝风格的新式复合型文化，彝族"一颗印"就是其中最好的佐证①。"一颗印"民居在当时是比较先进的民居形式，被当地汉、回、蒙古族广泛采用。

分布在滇东各地的汉族移民一直秉承着几百年的中原文化传统，虽然远离故乡，但是一直保持了对故乡文化传统的坚守，就是在各个移民聚落点也坚守着家乡江南的建筑风格，只是为适应本地气候环境做出了一些调整和改造。"一颗印"民居就是汉式传统建筑和本地建筑技术交流与融合的产物，其建筑风格和风貌已非昔日的风貌，而是结合云南当地建筑风格和材料形成的独具地方特色的建筑样式。

二、云南汉族民居建筑的空间分布及地理特征

云南汉式民居主要分布于滇中和滇北等经济发达之地。只有经济发达的地方，当地居民才有可能主动接受先进的技术和材料，才有更多的选择可能性。如今云南汉式民居留存较多的地方均曾为历史上经济发达之地，此外，滇东和滇北属于农耕稻作地区，与内地地理环境相差不大，汉式民居可以在这里找到合适的土壤生根。这从另一个侧面反映出民居文化的传播受自然环境的影响很大。明清至民国时所建的汉族民居保存下来的数量极少。如果按其历史成因与空间形态的不同进行划分，大致可分为：大理、丽江地区"三坊一照壁"民居，滇中、滇东的"一颗印"民居，以及除此以外的各个汉族移民点的合院式民居。云南民居建筑是一个复杂的体系，随着人口的迁入和文化交流的发展，往往一个地方呈现出多种风格的民居建筑，就是同一种类型建筑在不同的地方其特点也不尽相同。滇东除了"一颗印"，还有"三坊一照壁""四合五天井""一坊房"等类型。所以对一个地方的建筑风格进行定义是困难的，笔者只能找其中比较有代表性的建筑作为依据②。杨柳乡地区相比于云南其他地区而言，为云南汉族民居的显著地区，以"一颗印"居多，因此"一颗印"是笔者讨论的重

---

① 刘晶晶. 云南"一颗印"民居演变与发展探析［D］. 昆明：昆明理工大学，2008：16-17.

② 赵慧勇. 合院式民居在云南的发展演变探析［D］. 昆明：昆明理工大学，2005：20.

点，而对大理、丽江的民居只做粗略的探讨。此外，滇东地区面积太小，谈汉族民居的变迁地理特征是困难的，也是不科学的。因此，本书着重讨论云南汉族民居变迁的地理特征。

滇西北地区的合院式民居主要是指大理和丽江地区的"三坊一照壁"和"四合五天井"合院。作为云南汉文化影响最早的地区，大理合院民居在白族民居的基础上接受汉文化影响而形成自己的独特风格，而丽江民居在外形和具体做法上具有某些藏式风格。

大理地区白族的"三坊一照壁"是在原来民居基础上结合中原的合院式民居形成的一种产物。从空间分布看，其形制为正面三开间，左右为东西厢房，正面一照壁，这种布局和汉族三合院的第四个边为院墙或不设院墙有着很大的相似之处，整座民居的平面为方形。大理地区的合院民居与北方传统合院有着诸多相似之处，在某种程度上，可以看成汉族四合院和三合院的亚型。大理四合院有自己的特点：其一，白族的照壁不单独设置，同时还要承担作为院墙、装饰等建筑墙的功能。照壁兼有遮挡穿堂风和反射阳光之功能。滇西风大，照壁可以有效地遮挡对正屋的穿堂风。照壁大面积地使用白色可以反射阳光使院落光线明亮。其二，从空间居所来看，"檐廊"在北方合院民居中起到保护墙体不受潮和雨天联系交通的作用。而在云南，"檐廊"与平时生活密切相关。白族民居通常屋檐都较深，厦子宽大，目的是满足人们在气候温暖地方户外活动较多的需求。屋檐没有像汉族四合院那样幽深，这样人们白天可以在下面喝茶、聊天、吃饭、待客等。厦子晴天可以遮挡住太阳，雨天可以遮挡住雨水，是白族活动的理想场地，这种空间也是白族奔放性格的体现。以上元素为白族学习中原文化，改善自我生活状态的一种反映，同时也表明大理地区白族民居受汉族影响较大。白族木工技术高超，清代张泓《滇南新语》中就有所提及："剑川民众俱世业木工，滇之七十余州县，及邻滇的黔、川等省，随地皆剑川民也。"[①] 我们在云南看到很多白族建筑的痕迹就不足为奇了（参考图3-3 三房一照壁民居）。

---

① 张泓. 滇南新语 [M]. 台北：商务出版社，1936：24.

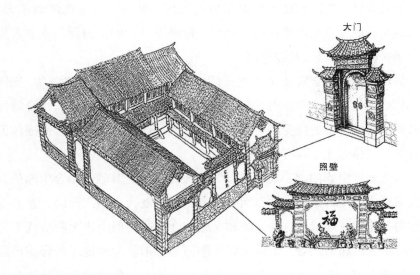

图 3-3 "三房一照壁" 民居

资料来源: 百度网。

　　综上所述, 云南的汉族民居地理分布有如下特征: 云南汉族民居集中分布在经济文化发达地区, 主要以大理、昆明为两个分布点, 并沿着经济文化走廊"南方丝绸之路"与"茶马古道"方向延伸出去, 向东、向西发展, 向南很少有发展, 汉族民居的分布范围也是明代汉化比较有代表性的地区。但是值得注意的是, 滇西北受青藏文化影响, 以藏式民居为主; 滇南受到东南亚文化影响, 以干栏式建筑为主。汉式民居传播与当地人文、气候、地理环境密切相关。汉族民居在气候、地理差异显著的地方也无法适应, 例如在热带地区就无法存在, 这就是文化地域性的"具相表现"①。从时间上看, 明代汉族民居主要集中在昆明、滇东、大理一带发展, 清代雍正以后开始出现向边缘地区发展的趋势。汉式民居在云南的广泛分布, 表明汉文化已经深入民间, 被当地民族接受, 彰显汉文化的强势性和主导性。明代进入杨柳乡的汉族移民, 人数众多又拥有强势文化, 秉承着迁出地的生活方式和习俗, 形成一个汉族文化中心, 并对周围地区形成辐射影

---

　　① 赵慧勇. 合院式民居在云南的发展演变探析 [D]. 昆明: 昆明理工大学, 2005: 15.

响态势。汉族在滇东定居以后，集中分布在自然经济条件优越的滇东腹地，或者交通发达之地，形成一个个汉族移民聚落或者城镇①，这些地区的民居更多地呈现出母源地民居的风格特征，展现出江南建筑与当地建筑技术结合后所形成的具有地方特色的民居建筑。

三、滇东汉族民居的空间布局和文化特征

（一）杨柳乡民居体现自然性特征

杨柳乡民居的空间布局体现出自然性特征。笔者主要从居所空间、防潮、抗震、防风等方面进行论述。曲靖坝子"夏无酷暑，冬无严寒"，在这样优越的气候条件下，滇东人民尤喜户外活动。民居和当地人的生活习惯密切相关。其一，从居所空间看，"一颗印"民居善于利用室外庭院空间和半室外的游春②空间，半开放的厦子和庭院构成了"一颗印"民居的小天地，人们可以在屋檐下休憩、会客、喝茶、吃饭。其二，缘于滇东地区风力强劲，民居防风乃必然的考虑，"一颗印"民居通常在平面上缩小天井面积，格局上选择四方密闭围合的四合院，目的正是减少风从外向内渗透的可能性，同时可以均匀来自四周的风力，创造一个舒适的家居环境；云南地处高原，日照强烈，地面水汽蒸腾，一层楼地面遮挡较多，不利于通风散热，因此，二层楼成为人居首选。其三，云南地处地震带，"一颗印"通常采用夯土墙，夯土内放些稻草、竹子等起到稳固作用，同时采用木构架的土木结构，目的是在地震的时候做到"屋塌房不倒"。"一颗印"传统民居的组合、造型及尺度充分吸收了我国四合院体式的优点，环境虚实结合，内外一体，土坯砖、白粉墙、条石板、木结构，因地制宜选取当地材料。

---

① 蒋高晟. 云南民族住屋文化 [M]. 昆明：云南大学出版社，1997：11.

② "游春"是正房前的单层檐廊，或是连接厢房和正房的节点。游春除具有装饰性功能外，更具有实用功能，是一种复合性空间，是连接室内与室外的交通节点。除具有最基本的北方民居避免墙体受潮的功能外，游春在正屋前的半室外，正好起到连接室外与室内的作用，人们可以在此聊天、待客、喝茶、游乐等，是客厅，亦是天井，具备复合性功能。游春的属性在于变通性，其联系天井、院落和堂屋，为人们提供了一处冬暖夏凉的生活空间，展示了"一颗印"民居的变通性。

（二）杨柳乡民居体现南北交融特征

杨柳乡民居不仅具有北方四合院的院落结构，而且带有江南建筑特点。杨柳乡民居从平面布局看是院落式结构，屋架结构采用抬梁式构架，门窗皆朝向内院，外部包以厚墙，内有天井，这些都体现了北方四合院的特点。后来又和当地气候和地理环境相结合做出了调适，例如"一颗印"天井最早是受到北方四合院的影响，空间较宽大。后来受明代汉族移民江南文化的影响，空间由宽大变得狭小起来。又如房屋建有高大的马头墙、风火墙，屋内注重雕刻，彩绘比较丰富，也体现了江南风格。李京在《云南志略》中曾描述"居屋多为回檐，如殿制"。究其原因，主要是元代之前进入云南的移民多以北方籍为主，而从明代起的移民以江南籍和江西籍为主，民居自然成为南北交融的表现符号。

（三）杨柳乡民居体现实用性特征

滇东是自然条件比较优越的平坝地区，明代大量汉族进入，人多地少矛盾突出，因此合理利用土地资源成为必然。"一颗印"多种演变模式正好可以解决此类矛盾，体现其实用性的一面。"一颗印"虽然形式比较固定，但是受经济情况、生活所需以及地形环境等因素的影响，可以演变成常见的"半颗印""一颗半印""串联"等模式，又可以将房屋的开间和厢房进行变化形成"三间二耳"或"五间四耳"等。例如，"两间两耳"即所谓的"半颗印"为经济条件不好或家庭人口少的人所使用；"三房两耳"多为资金所限制，分步完成，或者受到地势不平整所限制；多个"一颗印"串联在一起成为一个独立院落，多为人口多或大户人家所用。"一颗印"民居的这种可分开、可缩小等变化模式，较为少见，体现了较强的实用性和适应性。

（四）杨柳乡民居体现多元化特征

蓝勇教授认为："从文化人类学的观点看，在同一时期和不同时期，由于相似的地理环境，有可能在封闭的环境下，不同民族和不同民居完全可以形成相似的文化类型。"[①] 杨柳乡民居为这句话做了很好的注解。杨柳

---

① 蓝勇. 西南历史文化地理 [M]. 重庆：西南师范大学出版社，2001：366.

乡地处民族集中区，自古以来就和彝族、回族关系密切，随着长期频繁的交往，文化之间的相互渗透不可避免。当地回族民居外形上大部分延续"一颗印"模式，两者的融合主要体现在对建筑的布局和色彩运用两个方面。首先，回族"一颗印"室内空间和汉族相比较，在房间的功能上做出改动。穆斯林每天要在规定时刻向麦加朝拜，麦加方位为西边，当家人卧室自然就设置在正房或耳房的西边，家庭其他成员的卧室则设置在耳房的东、南、北三个方向，朝拜方向的墙壁上没有偶像只有挂画，这些体现了回族和汉族"一颗印"的异同，同时也体现了伊斯兰文化内涵、回族家庭成员中的尊卑关系和住宿禁忌文化。除此之外，穆斯林在朝拜之前需要沐浴，以便身心洁净，因此沐浴房成为必需，通常会在厢房的北侧分隔出沐浴空间。没有条件的家庭则将吊罐挂在卧室门后，地上用水泥抹平，形成一个简易的沐浴空间。相比于其他民族，回族"一颗印"房间功能发生了变化，突出表现在礼拜空间、沐浴空间、诵经亭及室内布置方面。其次，建筑色彩的选择也独具特色。回族在"一颗印"的穿枋椽条、梁柱壁板、天花楼楞、窗框椽条等处大面积使用蓝色，甚至一些雕刻和图案也用绿色和蓝色作为衬底，缘于其深厚的历史文化渊源和宗教信仰。《古兰经》描述的天国，到处是生机勃勃的样子。阿拉伯半岛为伊斯兰教的发源地，半岛上多为沙漠，人们择绿洲而居，其憧憬的家园理应如此。穆斯林人民把绿色视为崇拜色彩，在穆斯林心中蓝色寓意着生命的茂盛，得到人们的钟爱。建筑作为回民物质和精神的载体，折射出强烈的民族情感和虔诚的宗教心理①。

---

① 陈庆懋，何俊萍."一颗印"民居的变异模式及其适应性探析 [J]. 昆明理工大学学报，2011（2）：72-79.

第二节　黔中汉族民居建筑的分布及其特征

一、贵州汉族民居建筑的空间分布及地理特征

黔中汉族民居的形成时间晚于云南汉族民居。清代时贵州还是"黔之俗，勾连鳞次编竹覆茅以为屋……"① 贵州汉族民居根据空间分布的不同、各地汉族移民迁入的时间及路线的不同、中央对贵州的政策不同、周围自然和人文环境的复杂性等原因，形成风格各异的贵州汉族民居，可分为三种类型：一是黔北移民民居，二是黔东商贸民居，三是黔中屯堡民居。

黔北民居主要分布于遵义、毕节等地。黔北地理位置邻近川渝，此地民居受到川南及重庆传统民居的较大影响，建筑风格与四川民居更为接近。明末清初，大量汉族人民避难于此，当地民居留有川化的明显印记，形制为"凹"字形—明两暗民居，再辅以厢房围成一进、二进合院式民居。房屋分为两层，上层储藏，下层住人，山面及后檐用木板、竹泥修建围栏，墙体为石灰墙面，部分民居采用砖砌围栏及筑墙。黔北民居装饰简约，白色墙面、褐色门窗、青黑色屋顶与大自然交相辉映，形成色调清晰、统一的建筑风格②。

黔东商贸民居主要分布于铜仁、乌江、清水江流域，黔北地区也有小面积分布。其庭院的设计多为明清江南风格，注重内部装饰，比起黔中、黔北民居更显华丽。明清以来，贵州和外省的商贸活动增多，中央政府为了满足贵州民间商贸活动的需要和加强对贵州的控制，数次对清水江、乌江流域的航道进行整治。清中期以后，贵州民族关系日趋稳定，大量湖南、江西、湖北、四川等地商人进入贵州。随着商贸活动的发展壮大，大量的汉族也随之迁徙而来，在沿江地区形成大大小小的城镇和一些居民点。此时人们的聚居点也由村落逐渐向城镇聚落化方向发展，为满足商贾们宗法思想、社会交往和休闲娱乐活动的需要，相继修建起来。商人通常

---

① 田雯. 黔书 [M]. 台北：商务印书馆，1986：147.
② 陈顺祥. 贵州屯堡聚落社会及空间形态研究 [D]. 天津：天津大学，2005：14.

秉持着浓厚的风水和商业观念，这些观念也在其民居建筑上得到诠释，相比于黔北和黔中的屯堡民居装饰来说，显得更为华丽，内涵也更加丰富，满足各种功能需要的民居类型也表现得更加多样化。在民居装饰方面，屋外院落通常用砖墙围护，户与户之间用造型优美的马头墙隔开，精美的石雕、木雕、砖雕、灰塑随处可见。屋内喜欢使用书画作品作为装饰，牌匾、门额、院墙上书画随处可见，反映着居住者的文化修养和生活理念。这时的民居风格在房间的布局、庭院处理方面与明清江南风格更为接近，民居的功能也由满足生活基本需要过渡到休闲享受方向①。

黔中屯堡民居主要分布在贵州的中部如安顺及黔西南地区，其他地方也有零星分布。作为贵州屯堡民居的典型代表，九溪村民居具有分布集中、特征突出的特点。九溪村民居按照汉族建筑规划思想构建，形成建筑门类齐全、街巷布置合理、建筑特点统一的汉式民居。建筑多采用院落结构，既讲究与自然山地山体的相互结合，又最大限度地发挥民居的军事防御功能；屯堡村落通常建有满足民俗、宗教活动需要的场所和公共建筑，此类公共建筑不仅是精神活动的载体，也是人们交流活动的中心；民居以木头以及随处可见的石头作为主要建筑材料，建筑结构多为穿斗或穿斗抬梁混合式木结构，室内装饰和承重结构沿袭江淮汉式民居的特色。

贵州汉族民居地理分布有如下特征：汉族民居主要分布于经济发达、文化交往频繁的地方即交通要道上，同时民居分布与移民路线、贸易路线、军事战略路线密切相关，分为黔北移民民居、黔东南商贸民居、黔中屯堡民居。明代汉族民居现在仅存留于黔中安顺一带。清代以后，由于汉族移民的大量进入，汉式民居向黔北和黔东南方向发展，而贵州的西部和南部很少有发展。此外，汉族民居多位于坝子、山脚或河岸两侧自然条件优越的地方，位于坡地的民居与周围环境相结合，讲究错落有致。民居布局讲究血缘关系和地缘关系的统一，民居功能注意人和自然的和谐统一，满足生活和精神双方面的需求。汉族民居平面多为合院式布局，根据地形自然条件灵活分配，分为对称和不对称两种，建筑结构为穿斗或穿斗抬梁混合式，建筑材料多用砖、石、木板、竹泥等材料，铺地材料多为天然石

---

① 陈顺祥. 贵州屯堡聚落社会及空间形态研究 [D]. 天津：天津大学，2005：15.

材、加工石、砖、瓦等。从分布时间上看，明代贵州汉族民居主要集中在安顺九溪村一带，到了明末清初，开始向边缘地区发展。汉族民居在黔北和黔东南广泛分布，表明汉文化已深入少数民族地区，作为一种强势文化被广大当地少数民族接受，并成为当地的主流文化。

二、九溪汉族民居的空间布局及文化特征

（一）九溪民居具有军事防御功能

九溪村民居的显著特点就是具有完备的军事防御系统。九溪村民居不仅受到汉族建筑规划和设计思想的影响，而且还受到自然条件、军事防御需要的影响。军事防御主要通过两种方式来完成：一种是物质方面的防御系统，另一种是精神方面的软防御系统。软防御主要是指心理层面上的，受到哲学或风水思想影响来布置家居或者修建寺庙，希望得到神灵的庇护①。九溪民居正好受到这两套防御系统的影响。九溪村民居的物质军事防御，体现在石头材料的使用、村落的整体布局及街道、碉楼、民居院落等方面。九溪村民居采用石材作为主要建筑材料，木材主要用于室内和较少的装饰上，使九溪屯堡聚落成为一个个石头城堡，坚不可摧。

首先，屯堡聚落通常设有寨门、寨墙、碉楼等军事建筑，九溪村也不例外。屯堡的民居全部采用石材作为建筑的主要材料，建有围墙，围墙宽1~1.5米（参考图3-4九溪村街道围墙），这样可以方便打仗时士兵通过围墙来回支援。整个民居坐落在石头砌成的围墙里。其次，体现在屯堡的平面布局上，屯堡寨子的街道都由一个个院落分割而成，有大、中、小巷之分，还搭配有很多死胡同，如迷宫般曲折。游客置身于屯堡村落，难辨东西南北，常常迷路，经常会走进死胡同。九溪村整体规划合理，主街宽大，次街狭窄。村内街道主次分明，形成三个街区"大堡""小堡"和"后街"。旧时九溪村有三个门楼，即大堡门楼、小堡门楼，后街为袁家门楼，呈现"品"字形布局，村寨四周围以石头做墙，充分体现其军事防御功能。

---

① 陈顺祥. 贵州屯堡聚落社会及空间形态研究［D］. 天津：天津大学，2005：39.

图 3-4　九溪村街道围墙

碉楼是聚落中常见的防御建筑，碉楼高度通常为民居的 2~3 倍，具有远望、防御、传递信息的军事功能。通常一个屯堡聚落设置 2~3 座碉楼，多则 7~8 个。九溪村设置有一个碉楼。此外，屯堡民居院落也具有防御功能，担当抵御外敌的最后一道防线，其防御作用不容低估。九溪民居无论是三合院还是四合院，天井设置均较小，人就是站在高高的山上也无法看清院落里的一举一动。院落的出口处修建了坚不可摧的石库门，出口处道路弯弯曲曲，有的还设置了射击孔，更有甚者在进门的地方设置一条伸手不见五指的漆黑小道，走过这条小道才可以到达院落。

九溪聚落多位于山麓、山腰或者坝子边沿，多为水源充足、土地肥美之地，一方面方便灌溉，有利于农业生产；另一方面也便于囤积粮草、行军打仗。民居的空间布局在宽度和深度上延伸至山体，形成背山面水的格局，凸显内聚性。村落沿山体逐级升高，以地势险要山体作为依托，较易获得良好的景观视线和防守视线，形成易守难攻的村寨格局。

（二）九溪民居公共设施完备

屯堡人独特的宗教信仰，对屯堡聚落产生了深远影响，宗教建筑在屯堡聚落中占有重要位置，这不仅是屯堡人建筑艺术与才华的体现，更是屯堡聚落中重要的建筑景观。例如侗族村寨通常都建有鼓楼和歌坪，歌坪是节日活动中唱歌跳舞的场所，鼓楼则是全寨聚众议事的场所。屯堡人信仰多元化，儒、释、道、巫均有体现。作为农耕民族，屯堡人有着根深蒂固的土地神信仰，每个屯堡都有土地庙，多则几个少则一个。土地庙不仅是一个祭祀的重要场所，更是屯堡边界和重要空间的地标。九溪村有各种各样的民俗活动，寺庙、戏台与场坝、大街作为举行民俗活动和日常公共生活的场所，一起构成九溪村的公共空间。从笔者统计的结果来看，九溪村有15座土地庙，如大堡汪公庙，后街龙泉寺、五显庙和小堡青龙寺，村东崇德寺、村南文昌阁[①]。九溪村东、西、南三面各有一座庙宇，为村落重要的宗教活动场所，青龙寺至今为九溪村地戏演出的重要舞台。其他地方类似，如天龙屯的三教寺、平坝的五龙寺等。此类公共建筑不仅是人们相互之间交流活动的场所，而且也是人们美好愿望的载体。九溪村的青龙寺、五显庙等，就寄托着"神灵显灵，庇佑全村安全"的心理期待。笔者整理了民俗活动所在的空间表（表3-5），从中可以看出民俗和公共建筑的关联性，使特定的民俗文化符号可以在公共空间得到展示。

表3-5 九溪村民俗活动及活动场地

宗教、祭祀	祭祀祖先	祠堂、家里
	迎汪公	从汪公殿内到村里街巷，直至屯堡每户人家、学校门前，再返回神坛
	佛事	山边、寺庙、水口
节庆活动	地戏	青龙寺戏台、村中空地
	抬亭子	村中空地、街巷
	花灯	院落、场坝
	跳花节	聚落大型场地
	山歌	场坝
	四月八	家中
	六月六	空地
	河灯节	河边
	婚俗	院落、街巷、场坝
	丧葬	院落、山上

---

① 孙兆霞. 屯堡乡民社会 [M]. 北京：社会科学文献出版社，2005：191.

（三）九溪民居体现高度的血缘性与地缘性特征

从宗族方面看，明清时期，九溪村曾为"户近两千"的大型聚落，结构较为完整。公共建筑如寨墙、街道、宗教建筑、祠堂、戏楼、店铺等布局完整，较为规范。建村之初，"十大姓"按姓居住，随着岁月的流逝，演变成大堡、小堡、后街宋家院、马家院等聚族而居、分区清晰的村落组团形式。譬如顾姓住小堡，朱姓住大堡，其余姓氏住后街宋家院、马家院的村落结构，形成"村中有村、堡中有堡"格局。三个组团虽分区明确，却相互倚重，遇有战事，互相支援。每个组团设有"堡门"，为组团的第一道防线，同时为对外交流的重要场所。各组团设置有宗教场所及公共活动中心，便于村民交往和开展宗教活动①。九溪中心地段设置一口水井，便于村民取水，还可防止战时被敌人切断水源。由此可见屯堡民居高度的血缘性与地缘性特征。

（四）九溪民居具有中原民居特色

受古代宗法礼教影响，中原四合院民居讲究以南北为中轴线对称，按尊卑、长幼、男女、主仆秩序排定家庭成员住所。屯堡四合院民居也恪守了这一原则。在房屋布局上，九溪民居强调中轴线对称，讲究进院大门不能正对正房大门，选择从左侧或右侧进入。理想天井为正方形，谓之"一颗印""四水归堂"或为"横长方形"，正房高于其他房间，左厢房高于右厢房，谓之"左青龙右白虎"，体现"左为尊、长；右为卑、幼之意"。房屋的高度尾数通常为"八"，含吉利之意。房屋的墙面用石头砌墙，石板当瓦盖，九溪村此类房屋比比皆是。九溪村房屋主次分明，体现儒家思想的长幼尊卑秩序、平稳和谐的审美要求，在住房的分配上既讲究实用性，又体现内外、长幼、尊卑、主宾的纲常伦理（详见图3-6）。

---

① 陈顺祥. 贵州屯堡聚落社会及空间形态研究 [D]. 天津：天津大学，2005：44-47.

图 3-6　九溪小堡四合院

　　屯堡民居开创了贵州合院式民居的先河。安顺土著民居多为一明两暗或排式格局，以当地石材为原料，凸显地方特色，极少出现合院式格局。

　　（五）九溪民居室内外的装修和陈设体现汉文化传统理念特征

　　如果说九溪民居户外空间反映的是一种"天人合一"的和谐关系，那么九溪民居的户内装饰则解读了屯堡人的内心精神理念。屯堡人在相互融合的过程中，不可避免地受到当地少数民族的影响，外加当地社会经济、文化传统、风俗习惯的影响，从而形成自己独特的装饰风格。屯堡民居在整体上不过多装饰，在柱础、门楼、隔扇等处进行精雕细凿，垂花门装饰最具特色。九溪民居很少用砖，缺少了汉式民居中砖雕的装饰作用，这时精美的木雕就应运而生了。垂花门上部为青瓦顶，下部为木结构，其中额枋、月梁、垂瓜的木雕最为出彩，外面的石库门为外"八"字形状，有财源广进、发家致富的寓意。柱础造型是九溪民居造型的重要地方，有方形、多边形、鼓形等形状，体现屯堡人高超的雕刻技术。屯堡人认为天上之水与人的财运密切相关，比较注重排水系统的处理。村里水漏通常都透雕成鱼、古钱、龙等吉祥图案，寄托着人们美好的心理期待和精神信仰。隔扇门窗也是屯堡人尽力装点的地方，雕刻有石榴、荷花、牡丹、仙桃等吉祥图案，或一些脍炙人口的历史典故，满足主人祈求富贵、平安、长寿的美好愿望，同时也是屯堡人家雕刻技术和经济实力的体现①。九溪屯堡民居建筑的营造，毫无疑问地受到江南建筑思想的影响。大批江南居民和工匠迁入九溪村，汉文化在此成为主流文化，延续至今。

屯堡建筑从总体环境上来说体现军事封闭性特征，其公共设施完备，建筑统一以石头为原材料，突出其共同守护与共同防御的军事特点。在此背景下，既可以防御外敌入侵，尤其是外部文化的渗入，同时又可以保护族群的整体利益和个人财产安全，有利于守护母源地文化精神。这种建筑景观是族群的一种标志，时刻提醒着屯堡人的社会身份，使家庭和个人有种强烈的内敛力量，以此维系族群、家庭乃至聚落和国家的和谐关系②。

第三节　川西南汉族民居建筑的分布及其特征

川西南地区的汉族民居建筑较为复杂，表现为多元化特征，缘于此地为藏、彝、摩梭（纳西族的一支）、傈僳、汉等多民族文化交汇区，民居形制必然会相互影响和相互渗透，同时又受到自然地理、气候、宗教信仰、当地民风民俗的影响，特别是清初湖广、江西、黔、陕、滇、客家人移民的植入，建筑式样更加丰富多彩。盐源、木里山区汉族民居大部分是以木楞房③为主的民居体系，山区民居受到自然和人文等综合元素的影响。

---

① 陈顺祥.贵州屯堡聚落社会及空间形态研究［D］.天津：天津大学，2005：39-47.
② 耿虹.安顺屯堡建筑环境景观研究［D］.武汉：武汉理工大学，2009：73.
③ 木楞房，即用原木叠垒成"井"字形，井干做墙壁承重，高七八尺，覆以板、压以石、不用铁钉、方便拆卸的房屋。

到了民国以后，民居体系由木楞房向坝区汉族民居体系转变，出现混搭局面。随着时间的流逝、人口的流动，特别是通婚等诸多社会因素的影响，盐源山区木楞房民居更多地体现出"三房一照壁"汉式民居特色。冕宁坝区一带的民居则呈现川西平原汉族民居特征。冕宁、木里、盐源山地民居是本节讨论的重点。

一、川西南汉族民居的演变

在明代之前，关于川西南地区民居的记载很少，笔者只能在《史记·西南夷列传》中窥见当时少数民族居住的情况："西南夷君长以什数，夜郎最大；其西靡莫之属以什数，滇最大；自滇以北君长以什数，邛都最大。此皆椎结、耕田，有邑聚。其外，西自同师以东，北至棫榆，名为嶲、昆明，皆编发，随畜迁徙，毋（无）常处，毋（无）君长，地方可数千里。自嶲以东北，君长以什数，徙、筰都最大……"可见，西南夷中的靡莫、夜郎、邛、滇等部族从事农耕生活，有"邑聚"，说明有固定居所，而嶲、昆明、徙、筰却过着四处迁徙的游牧生活，居无定所。

明清以来，有关川西南民居的文献相对丰富起来。明天启年间《滇志》卷3记载："丽江府，衣同汉制，俗不颇泽，板屋不陶……"。明景泰年间的《云南图经志书》卷4记载："（永宁风俗）磨些蛮……所居多在半山之中，屋用木板覆之，习气大抵与丽江各处所居者同。"明末，徐霞客在日记中述及："郡署踞其南，东向临玉水。丽江诸宅多东向，受木气矣"。"历象眠山之西南垂，居庐骈集，萦坡带谷，是为丽江郡所托矣。……瓦屋栉比"，"岩脚院，倚山东向。其处居庐连绵，中多板屋茅房，有瓦室者，皆头目之居，屋角俱标小旗二面，风吹翩翩，摇漾于夭桃素李之间。"[①] 以上文献透露了如下信息：在明代，无论是川西南还是丽江地区，百姓民居都以木楞房为主；明朝末年，土司、把事等官员已经不住木楞房，开始住在瓦片盖顶的房子里。瓦片盖顶的房子的出现，不仅是居住者

---

① 徐弘祖. 徐霞客游记 [M]. 朱惠荣，校注. 昆明：云南人民出版社，1985：935.

经济实力的体现，而且也是等级制度的体现①。

清代时，川西南地区风俗更替较为频繁，但是木里、盐源的山地汉族民居变迁比较平稳，仍旧为木楞房。《维西见闻记》对川西南民居有所述及："（维西）麽些……倚山而居，覆板为屋，檐仅容人。……铺毡踞坐，贫则以席、以草茵，……卧无衾枕，夜则攒薪置火，各携席囊，袒裸还睡，反侧而烘其腹背，虽盛夏亦然。富能备衾枕毡褥之类，而亦置火于侧，露其上身烘之。"民国时期，这种情形发生了变化，山地汉族民居开始使用瓦片盖顶，出现了"瓦中仍覆板数片"的情况。此时，关于土官的民居有这样的记载："又旧时土官廨舍用瓦，余皆板屋，用圆木四周相交，层而垒之，高七八尺许，即加椽桁，覆以板，压以石，屋内四面结床榻，中置火炉，并炊爨具。改设后渐盖瓦房，然用瓦中仍覆板数片，尚存古意。"② 当时的土官禁止百姓"建盖瓦房"。《永宁见闻录》对当时建筑格局做了一个大概的描述："居室卑陋，无瓦屋，其建筑不用直柱，以圆木四面叠垒之，高丈余，上覆'人'字形之木板，半间开一道门，以便出入。其四周围以土垣，中有天井、竖麦架。正房之对面为畜房。家家户户形式如一……"此记载勾画了传统山地民居的特点：绝大多数为井架式人字顶的木楞房，坐西朝东或坐北朝南，用圆木首尾相交叉垒成，横放木板，无窗户，半间开一道门极矮，正房为三间，正房对面为牲畜房子，中间为天井，周围用土墙围着，构成一个院落。

从明代到民国时期，木里、盐源山区山地民居发展缓慢，一方面缘于生产力和经济条件的限制，另一方面缘于统治阶级政策的限制。新中国成立之后，盐源和木里坝区的汉族民居发生了较大变化，出现了"三房一照壁""四合五天井""七星抱月"等民居。

---

① 杨林军. 明至民国时期纳西族风俗文化地理研究 [D]. 重庆：西南大学，2012：240-248.

② 段绶滋. 中甸县志资料汇编（三）：（民国）中甸县志 [M]. 和泰华，段志诚，标点校注. 中甸：中甸县志编委会，1991：164.

二、川西南汉族民居建筑的空间分布及地理特征

川西南民居建筑的地理分布，有如下几个明显特征：

其一，从房屋的外部结构看。从明到清代，盐源、木里、永宁一带除官署、宗教场所、土司、把事等头目的居所之外，从坝子到山地都采用一种建筑风格——木楞房。民国时期，情况发生了变化，木楞房渐渐从城市向山区退却。丽江城区大量汉族植入，纳西族民居受到汉族民居的影响，丽江古城已经难觅木楞房的踪迹，取而代之的是"三房一照壁""闷楼"等木结构房屋。而盐源、木里、永宁一带受到土司、土官禁止盖瓦房的政策以及自身经济条件限制等综合因素制约，此地区的山地民居无论是住房还是牲畜圈，仍是木楞房。譬如长柏山区的汉族民居，保留着汉族传统的四合院格局，与周边少数民族摩梭人、彝族的木楞房构造类似，正房三间，左右为东西厢房，均为二层楼，二楼以干栏式构造，漆以彩色图案装饰，正房对面为畜圈，畜圈顶部为晒场，围成一个院落。楼上房屋相通，可住人也可堆放杂物，屋内采光效果较差，组成四合院格局的木楞房。木里、盐源山地一带的木楞房与明代以来官署、宗教场所、公共场所建的瓦片房及清代后期丽江大研古城的瓦房，形成鲜明的对比①。

其二，从建筑风格看。盐源、木里的山区民居以干栏式为主，间有地面式建筑。干栏式民居建筑可分成四种：千脚落地式、井干干栏式、吊脚楼式、典型干栏式②。早期盐源、木里的山地民居以地面干栏式建筑为主，在平地的四周垒些石头，因为井干做的墙面需要地基平稳，在上面直接垒木料构成，旁边再盖上几个简易的牲口圈，组合成普通的民居。此类建筑在盐源、木里的坝区和山地均有分布。冕宁坝区和城区为典型的川西汉族民居，通常建有四合院，形制为正房三间或五间，中间为正堂屋，二层楼，厢房为一间或二间，组成一个院落，内檐口四方相连呈"口"字形，经济富裕之家有五个甚至七个天井，俗称"五月朝天"或"七星抱月"，

---

① 杨林军. 明至民国时期纳西族风俗文化地理研究 [D]. 重庆：西南大学，2012：240-248.

② 蓝勇. 西南历史文化地理 [M]. 重庆：西南师范大学出版社，2001：366.

周围不设窗，目的是防盗，四墙顶砌飞檐，目的也是防火和防盗①。冕宁农村的建筑通常为正房三间，正中一间为堂屋，建有两个厢房，堂屋的左边建有厨房，右边为牲畜房，正对面的土墙搭有一个棚子，组成一个院落，门开在一侧。金沙江河谷一带受到彝族民居的影响，大多为土掌房。

综上所述，川西南的汉族民居地理分布有如下特征：盐源、木里山区的汉族民居受到当地少数民族民居的影响，以木楞房为主；冕宁坝区汉族民居受到川西平原民居的影响，以汉族四合院为主；金沙江河谷以北的汉族民居受彝文化的影响，以土掌房为主。川西南汉族民居主要分布在经济文化发达的地区，即冕宁、西昌、丽江、木里、盐源的坝区，凸显汉式民居的传播与发展同当地的人文、气候、经济、地理环境密切相关的特征，汉族民居在气候和地理差异太大的地方也无法适应，比如在太寒冷的地区也无法存在，这就是文化地域性的"具相表现"。从时间上看，明代以来，冕宁坝区以川西平原的汉族民居为主，明代盐源、木里、丽江的坝区和山区都以木楞房为主，清代雍正以后随着民族交融的深入，丽江坝区开始出现汉式民居，木里和盐源仍旧是木楞房。民国后期，木楞房开始由坝区向山区退却，木里、盐源坝区开始出现木楞房和汉式民居相互混搭的局面，而山区仍旧是木楞房。

三、川西南民居建筑的空间布局和文化特点

其一，从民居建筑的空间布局看，川西南民居体现了"天人合一"的特点。盐源、木里山区木楞房，体现了就地取材的原则。民国后期，木楞房规模得到空前发展，甚至出现了三层的木楞房，一层关牲口，二层住人，三层堆放杂物。木里项脚乡的宋家民居就是木楞房与汉族民居相互融合的典范（参见图3-7）。

---

① 四川地方志编撰委员会. 四川省志·民俗志 [M]. 北京：社会科学出版社，1999：676-678.

图 3-7　木里木楞房

宋家民居空间布局为正面三间，中间为堂屋，左右厢房为二层楼的木楞房，中间对面的畜圈也为木楞房。二层楼的木楞房，一层关牲口，二层住人或堆放杂物，组成一个院落，充分体现汉族民居和少数民族民居的混搭。盐源、木里两地周围植被较好，森林覆盖面积大，木材资源在这里得到了广泛的运用。川西南垂直气候特征显著，木材具有保温、经济实惠、抗震性能较好等优势，被位于地震多发区的木里和盐源两地民居广泛采用。冕宁汉族民居的屋顶更加凸显"就地取材"原则，冕宁坝区屋顶多为瓦片，半山区屋顶多为茅草，高山区屋顶多为木板、石板。可见，川西南汉族民居具有"天人合一"的特点。

其二，冕宁汉族民居体现了血缘性与地缘性特征。礼制性建筑在汉族聚落中具有突出地位，礼制建筑类型也较为丰富多彩，常见的有牌坊、寺庙、祠堂等。祠堂是整个村落宗族祭祀活动的中心，同时也是制定各种宗族制度、办理宗族事务的场所，祠堂在整个村民生活中扮演着重要角色。祠堂建筑在整个村落空间布局中的地位和作用显著，决定着整个村落的空间布局。汉族村落具有内向和封闭的特征，通常以祠堂为中心向外延布置民居。以冕宁的宏模乡为例，宏模乡是大型的汉族村落，民居按照汉族建筑规划思想构建民居，形成建筑门类齐全、街巷布置合理、建筑特点统一的汉式民居。村民按姓聚居，甚至形成"一村落一大姓"的形态。譬如冕宁文家屯村，明初邓姓迁入，形成"一村一姓"的村落，村落民居建筑布局围绕邓家祠堂，祠堂位于村落中央，前面设有村落中心广场，方便村民交往和开展各种活动，方便种群文化的传承，充分体现了民居的血缘性与地缘性特征，具有很强的内聚性。此外，冕宁、盐源、木里等地过去常发生"彝患"，此地的汉族人通常聚居在一起以求共同抵抗"彝患"成为必然。

其三，从装饰和室内布局看，冕宁坝区汉族民居体现汉式伦理。冕宁宏模乡民居秉承完整的汉族建筑风格，布局为坐南朝北，与当地彝族、藏族屋梁对坡谷形成鲜明对比，与清代移入的客家民居也差异明显。其形制为正面三间类型，堂屋居中，两侧为厢房，厨房设在厢房外，堂屋枕楼要全枕满，这与客家人民居有着本质区别。客家人堂屋只枕进屋的四分之一（客家人堂屋只枕四分之一的原因，在于堂屋正面为神灵，如果枕满会亵渎神灵），两侧卧室则要枕满，厨房设置在厢房内。宏模乡汉族室内神龛的陈设、书写内容也与客家人有区别。神龛通常设在二楼，距离楼板1.2米左右，在红纸上用毛笔书写祭祀内容（详见图3-8），贡桌上面放置香炉、贡品等。客家人神龛一般设置在一楼正房的堂屋正中，红纸上除了写上祭祀各姓氏的祖先外，还包括南华六祖。

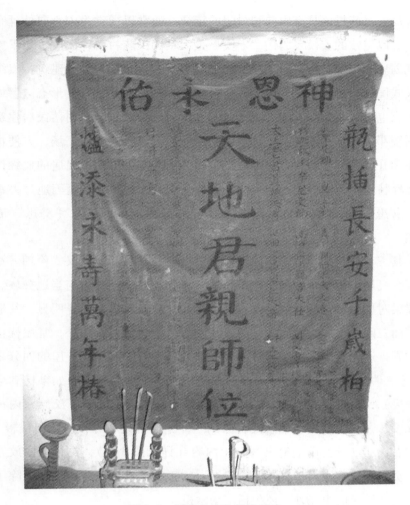

图 3-8　冕宁文家屯汉族神龛

第四章 三地汉族民居
与周围少数民族民居融合的比较

　　宣威杨柳乡、安顺九溪村、冕宁宏模乡属于非典型民族地区，盐源长柏乡、木里项脚乡属于典型民族地区。将典型与非典型民族地区的五个点进行民族融合方面的比较，汉族在"夷多汉少"或"汉多夷少"的背景下，更能真实、直观地呈现五个汉族移民文化孤岛的文化变迁情况。

　　文化涵化为文化变迁的一种重要形式。文化涵化指异质的文化接触引起原有文化模式的变化。处于支配及从属地位的不同群体长期直接接触，使各自的文化模式发生变迁，就是涵化。涵化具有三方面特点：其一，由于资源的借用方式不同，涵化多在外部压力下产生，常常伴随着军事征服或殖民主义统治；其二，涵化与资源的借用不同，多是在外部压力下产生，意味着诸多文化因素的变化；其三，相互接触的群体，必然有一个处于支配地位，一个或多个处于从属地位，通常从属群体借用支配群体的文化因素较多。也存在相反的情况，若从属群体具有强大的文化优势，最终被涵化的将是支配群体。相互接触的群体有时还会各自丧失文化个性，融合形成一种新文化①。

　　文化变迁，不仅包括外在的变迁也包括内在的变迁。文化变迁包括变迁的时间、变迁的条件、人们的认同、变迁过程等多方面因素，因此文化变迁是综合因素的结果，不是一事一物一朝一夕的变化。文化变迁和文化变化有区别，局部的、未能引起系统整合的变化称为文化变化。这些文化

---

　　① 庄孔韶. 人类学教程 [M]. 北京：中国人民大学出版社，2006：290.

局部变化的积累，使文化的很多方面发生变化，就可以造成文化的变迁。所以文化变迁的因素不在于强弱，而在于这些因素对一个社会特定的结构与状态所能引起的整合力度有多大。本书所论五个文化孤岛传统文化的变迁，不仅包括广义变迁也包括狭义变迁，既包括横向的由于生存环境改变和受当地少数民族文化影响而产生的文化变迁，也包括纵向的随着时间推移而产生的文化变迁①。在民族互动和交往日益频繁的现代社会，滇东、黔中、川西南的汉族呈现出多种多样的文化现状，潜移默化地影响着汉族的生活习惯和价值评判。当代汉族的生活习俗经过时间的淘洗，与明、清移民迁入时的状态相比已经发生了变迁，吸收了周围的文化因子。时至今日，汉族文化的本土文化保留比较好，但其文化内容更加丰富多彩，这是汉族和少数民族交融的必然结果。

值得注意的是，"中华多元一体"的格式，是汉族和少数民族两大势力经过较量、冲突和调适的必然结果，这一过程淡化了"尊夏贱夷""华夷之辨"等观念，加深了"汉夷"双方之间的了解和认同，促使双方更加紧密地凝聚在一起，最终形成中华民族。华夏汉族王朝和夷狄族王朝的文化建设都充分说明，中华多元文化不是对一元化的汉文化的选择和继承，而是对以前各民族王朝的多元文化重新选择、吸收和整合而形成的一种新的文化。这种新的文化区别于西方学者所说的"第三文化"，也区别于以前的"汉文化"。中华文化是多元文化不断调适、吸收和整合的结果。这种多元化的结果为中华民族的形成和发展做出了重要贡献，符合中国历史发展的实际。因此，我们在讨论汉文化和少数民族文化时不可忽视任何一方，更不能将其割裂开来谈②。汉文化和少数民族文化两者缺一不可，相互补充和丰富，共同构建中华文明。

---

① 斐丽丽. 土族文化传承与变迁研究——以辛家庄和贺尔郡为例 [D]. 兰州：兰州大学，2007：8.

② 赵永春. 关于中国古代华夷关系演变规律的理性思考——华夷关系的历史定位、演变轨迹与文化选择 [J]. 学习与探索，2012（1）：148-156.

第一节　滇东汉族民居与周围少数民族民居的融合

笔者选择将汉族民居与通海蒙古族和建水彝族的"一颗印"民居做比较，缘于两点：①两地展示了"一颗印"的不同类型。如果说通海蒙古族"一颗印"为早期类型，那么建水彝族"一颗印"则是更为早期的类型。②两地诠释了汉族民居与少数民族民居相互借鉴和融合的程度。

一、滇东汉族"一颗印"民居与通海蒙古族民居的融合

"一颗印"民居在云南分布甚广，很多地方留有印记。笔者以滇东汉族和通海蒙古族的"一颗印"为例，更能清晰地展现"一颗印"民居的演变情况，同时凸显滇东汉族民居与周围少数汉族民居融合的情况。滇东汉族和通海蒙古族的"一颗印"民居在外形和空间上有一定差异。如果把通海蒙古族民居比喻成"一颗印"民居早期作品，那么滇东汉族民居则为"一颗印"民居成熟期作品。通海地处滇东南，为滇南交通要道和军事重地，素来也有"小云南"之称，为云南有名的"礼乐之乡"。明初通海为临安府所在地，商贾云集，民居呈现多样化的格局。公元1252年，忽必烈远征云南，随后大量的蒙古族、回族军人及家属留于云南，通海县新蒙民族乡为回族和蒙古族后裔的主要居住地。蒙古族和当地彝族融合，生活方式和习俗已经完全融入地方文化，住房就采用了当地彝族的"一颗印"民居。此民居与滇东汉族的"一颗印"民居在空间等方面差异明显，笔者称之为"通海蒙古族'一颗印'建筑"。

通海民居从外形看有两种形式：

一种为压缩两边耳房，左右耳房各有一个开间的三间两耳"一颗印"，其特点为天井狭小、扁长。在如此狭小的空间进行庭院户外活动就不可能了。此类型为经济条件差的人所选用，等经济条件好的时候再加修围院。此类"一颗印"可以从当地彝族土掌房找到根源。彝族土掌房形制为三开间民居，受汉族影响形成一种两端带羊角厦的半围合式民居，在经济条件

允许的情况下，再增加外围、外墙和大门，形成内向型空间①。总之，此种民居是云南本土外向型房屋向汉族院落转变的一个典型例子（参见图4-1、图4-2、图4-3）。

图4-1　云南早期正三间"一颗印"民居

图4-2　正三间带羊角厦过渡型"一颗印"民居

资料来源：百度网。

---

① 赵慧勇. 合院式民居在云南的发展演变探析［D］. 昆明：昆明理工大学，2005：45-52.

图4-3　内向型"一颗印"合院民居

资料来源：百度网。

　　另外一种形式将民居进行纵向串联组合，房屋正面为"一颗印"形状，但是内部发生了变化，即将正房明间打通，改成过厅，形成层层递进的院落空间，在住宅面积有限的情况下，以增加进深来获得更大的使用面积。可见，其内部结构和典型的"一颗印"相比已经有了明显差异，但是外在的形态和做法体现了蒙古族"一颗印"对汉族"一颗印"的传承及融合①（参见图4-4）。

---

　　①　刘晶晶. 云南"一颗印"民居演变与发展探析［D］. 昆明：昆明理工大学，2008：66-70.

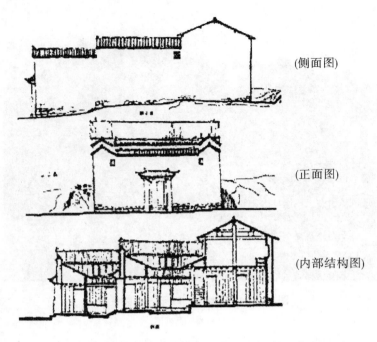

(侧面图)

(正面图)

(内部结构图)

图 4-4　通海地区串联式"一颗印"民居①

二、滇东汉族"一颗印"民居与建水彝族民居的融合

建水是滇南政治、经济、文化中心，素有"文献之邦"之称。此地为明代汉族移民据点，同时也是红河彝族聚居区，彝文化与汉文化在这里汇合，两者在民居上的相互影响不可避免。建水彝族土掌房是吸收汉文化因子而形成的合院式民居。建水彝族民居为平顶房屋的土掌房，平面布局为三间两耳倒八尺式，与滇东"一颗印"基本类似，但是只有一层，这和滇东两层结构有所差异。由于受到汉式民居影响，在内院一侧加了瓦檐②，表现为土掌房向"一颗印"转换的早期形式，此为当地彝族民居受到汉文化影响最为直接的体现。通海蒙古族民居、建水彝族民居与汉族"一颗

---

①　刘晶晶. 云南"一颗印"民居演变与发展探析 [D]. 昆明：昆明理工大学，2008：70.

②　赵慧勇. 合院式民居在云南的发展演变探析 [D]. 昆明：昆明理工大学，2005：45-57.

印"相互融合的情况表明,通海和建水两地均为明代汉族移民据点,其受到的汉式民居的影响却各不相同。通海蒙古族民居真实地反映了"一颗印"民居的早期状态,例如三间两耳"一颗印",有其鲜明特征,外形虽为"一颗印",内部却做了相应调整,发展为纵向串联式"一颗印"民居。建水彝族民居平面布局和滇东汉族"一颗印"类似,表现了土掌房向"一颗印"转换的初期形式。滇东杨柳乡民居则体现了严整规矩的汉式建筑风格。两地与汉式民居融合呈现不均衡性,主要缘于当地民族与汉族人口的比例大小。通海蒙古族人口少于汉族人口,更多地借鉴了汉族民居;反之,建水彝族聚居地彝族人口占优势,此地较少借鉴他族文化,更加凸显彝族文化的强势地位。

云南汉族与少数民族民居交融频繁之地,也是汉化比较有代表性的地区。只有在经济发达地区,当地居民才有可能主动学习和吸收一些先进技术和文化,民居样式也才有更多的选择可能。本书中提及的建水、通海、大理、丽江、杨柳乡都是古代经济发达的地方和交通要道。云南汉族与少数民族民居融合情况分两种:一种为当地民居汉化,另一种为汉族民居地方化。云南汉族民居地方化以杨柳乡民居为代表,杨柳乡"一颗印"是汉式民居吸收彝族土掌房文化因子形成的一种变体。地方建筑汉化以丽江、大理的"三房一照壁"为代表。腾冲和顺乡合院式民居、会泽民居也较有特点,自成体系①。汉式民居由于自身文化的优越性,一直被周围少数民族借鉴和学习,汉式民居在中国民居文化的历史发展演变中,一直发挥着示范和导向的重要作用,少数民族也乐于学习从而改善自己的居住条件,提高自己的生活质量。

第二节 黔中汉族民居与周围少数民族民居的互动

贵州民族分布呈现"大杂居、小聚居"局面,决定了贵州民居类型复杂,各种民居差异明显,就是同一民族在不同区域,其民居也会呈现不同

---

① 刘晶晶. 云南"一颗印"民居演变与发展探析 [D]. 昆明:昆明理工大学,2008:66-70.

类型。例如，布依族民居分两种：黔西南地区布依族民居"以砖为墙，以瓦为顶"；黔中布依族民居则是"以石为墙，以石为顶"。贵州少数民族民居很少有合院式民居，而九溪屯堡民居多为合院式民居，与周围少数民族民居差异明显，但是这并不意味着他们就没有相互借鉴。笔者在此以黔中布依族民居和九溪屯堡民居做一讨论。

从外形看，九溪屯堡周边民族村寨屋顶坡度陡峻，多用茅草作为屋顶，目的是便于排水，与屯堡民居建筑差异明显。关于九溪屯堡石板瓦的运用，至今存有争议性：一种意见认为是学习周围少数民族而来，另一种意见认为是自创的。笔者赞同后者，因为周围民族村落多用茅草作为屋顶，并无石板为顶的长期杂居生活，相互影响和借鉴是难免的，表现在细微之处。九溪屯堡院落都配有一个下面养牲畜、上面居住或堆杂物的高脚间，带有干栏式建筑印记，此为屯堡民居与当地少数民族民居融合的佐证之一。布依族石板房与屯堡民居的主要区别在于：布依族石板房以单体为主，布局分散，没有严格体现中原和江南民居中的门第、长幼、尊卑和组织观念，也无体现防御功能的射击孔、碉楼、雕饰精美的门窗。

第三节 川西南汉族民居与周围少数民族民居的融合

汉族与各少数民族有着深远的民族关系。清代以来，大规模汉族移民植入盐源、木里地区，两地民族成分发生了重大变化。盐源曾是滇、川、藏茶马古道上的重要驿站和商品物资集散地，为川、滇两省三县的重要贸易重镇。此地垂直气候特征显著，世居彝、纳西、傈僳、藏、蒙古等民族，为民居多元地区，也是民居交融最为深入的地区。笔者在此对盐源山地民居与汉族民居交融情况做一讨论。

一、汉族民居与丽江纳西族民居的融合

明清时期，汉式建筑广泛传入丽江地区，木氏土司主持修建了一批较大规模的宫殿式建筑群，例如木府、三清殿、经堂、万卷书楼、玉音楼、议事厅，此类建筑带有明显的汉式宫殿建筑印记。木氏土司在营造具有纳

西特色的宫殿建筑和古城时，一方面注重效仿汉式建筑风格，另一方面又积极彰显本民族传统和本土特色。土司是丽江纳西族的权力中心，同时又是纳西族社会的代表，他们的所作所为势必在艺术审美方面对民众产生深刻的影响，百姓纷纷效仿这种建筑风格，把汉式元素融入自己的民居中，并在模仿中进行改革。这是一种强势文化对弱势文化的渗透。古代中国曾有这样一种普遍现象，即皇帝影响官吏、官吏影响民众，体现出一种社会等级和礼制秩序。明代川西南土司禁止百姓建瓦房，禁止百姓接触汉人，此时丽江、盐源、木里民居以木楞房体系为主。雍正实行"改土归流"以后，汉、满习俗蜂拥而至，流官提倡用汉俗来规范百姓行为，丽江坝区仿汉式建筑开始大量出现，泥瓦结构民居逐渐取代井干式木楞房。乾隆八年（1743年）《丽江府志略》提到"改流后渐盖瓦房，然用瓦中仍覆板数片，尚存古意"，出现了干土房的结构，即其结构与木楞房相似，只是墙壁由圆木堆垒变异成干土版筑。此类建筑正好体现了汉式建筑和纳西族木楞房建筑的有机结合①。

丽江、盐源为茶马古道的中转站，为藏族、白族和汉族贸易往来的交汇处。物资交换同时也带来了文化的相互交流，久而久之，汉、藏、白文化就渗透到纳西文化中。今天，盐源、木里、丽江生活习俗中仍存留有马帮文化印记，早上有喝酥油茶、吃丽江粑粑等习俗。文化和艺术发展同样会影响到民居，不同地区建筑元素出现在丽江民居中。多种元素的融合使纳西民居建筑的结构更为合理，布局也更为多样化，大大拓展了纳西民居的发展空间。随着贸易的发展，纳西民居出现了一种新的形式——土基房。土基房使用土基砌墙壁，周围用石头加固，这标志着纳西族民居在建筑功能上的巨大进步，屋顶也由木板变成瓦片以方便排水。土基由附近土壤制成，保留着泥土本色，只有屋顶保留瓦的自然颜色即灰色。受汉族和白族影响，纳西民居注重墙面装饰，墙面出现人工装饰痕迹，喜用汉族的白色石灰刷墙，使墙面更为光滑，更美观。有的人家使用石灰涂抹墙面时，留出墙面的中央部分不加涂抹，以保持土基自然色彩，图案出现变化性、延续性。有的人家在墙面绘上日月星辰、八卦图等，不仅起到了装饰

---

① 高端阳. 丽江纳西族民居的演变与更新研究 [D]. 昆明：昆明理工大学，2012：12.

作用，还蕴含了施加道教法力以护佑家宅平安的含义①。

盐源、丽江坝区民居由明代的木楞房演变成土基房，经过 200 年发展到如今"三房一照壁""四合五天井"的传统建筑格局，表现出丽江、盐源坝区受到汉族民居影响较大，民居大部分已经汉化。

二、汉族民居和摩梭人民居的互动

盐源、木里山区摩梭人民居极少受到汉式民居影响，相反盐源、木里山区汉族受到少数民族影响而采用了木楞房样式。笔者将云南汉族民居与盐源摩梭人民居做个比较，以村落的空间布局作为切入点。

云南汉族民居与盐源摩梭人民居差异显著，表现在村落街道空间布局上面。笔者从四方面来解读：①民居街巷的宽窄方面。街巷空间为汉族民居和摩梭人民居最有特色的部分。汉族讲究居民之间有亲切感，民居宁静静谧，加之汉族建筑存有"人地关系"矛盾，因此街道十分狭小，加上排水沟形成的街道就更加狭小。摩梭人村落，街道较为宽阔，原因有二：第一，永宁、盐源地区地广人稀，用地宽松，摩梭民居间隔较远，街道一般宽 30 米，最窄处也有 6 米；第二，摩梭人建筑多为木楞房，保持较远距离，可以防止火灾造成整个村落遭受重大损失②。②民居空间界面方面。空间界面为街巷两侧建筑立面、顶棚面及室内墙面等围合成空间的"面"，离开界面则空间无从谈起。清代以后，丽江汉族民居多用石灰刷墙：一为价格便宜，且能防潮、防湿；二为反射太阳光线达到降温效果。大范围使用白色墙面成为"图底"为虚，小面积门窗成为"图形"为实，做到了"图底置换"。墙面使用白色和上面有小面积窗户，让人感到放松；汉族喜欢在大门、门楣、门檐等处绘图，让人眼前一亮，此为"图底置换""虚实相生"。摩梭人民居建筑空间布局开阔，街巷两侧木楞房多为木材本色，不讲究"图底关系"。③建筑平面形态方面。从建筑平面看，两者皆为院落式结构，汉族民居以"回"字形、"四"字形、"H"字形、"日"字形等平面形式布局为主，以天井为中心来布置各房间。其中，"四"字形居

---

① 熊明. 永宁地区摩梭人民居建筑研究 [D]. 北京：北方工业大学，2012：49.

② 熊明. 永宁地区摩梭人民居建筑研究 [D]. 北京：北方工业大学，2012：51-60.

多，一明两暗式，明间为厅堂，两侧为两层厢房，祖屋设置在二楼，也有少部分为五开间或明三暗五。摩梭人民居建筑平面为"三合院"和"四合院"，内部单元由祖母屋、经堂、花楼、草楼组成，祖母屋为一层，其他单元建筑都为两层，合成内院，门窗都朝内院开设①。④民居建筑内院方面。汉族民居和摩梭人民居皆重视内院。汉族民居天井小，承担排气、排水功能，因为南方湿气大，开口小可方便湿气被抽出去；摩梭人民居建筑由内院和外院组成，内院空间宽阔，高原地带气候干燥、寒冷，天井开口大则方便接收阳光。两者民居都体现出与当地气候环境密切相关。可见，汉族民居和摩梭人民居各有特点。

盐源、木里山区汉族民居以木楞房为主，受到自然、人文等综合元素制约，民居由木楞房体系向坝区汉族民居体系转变，出现混搭局面，而且随着时间的推移和交通的发展、人口的流动，特别是通婚等诸多社会因素的推动，呈现越来越明显的趋势。调查表明：盐源、木里坝区接受民族融合的程度呈现不平衡性，山区"夷多汉少"之地交融较为深入，更多借鉴民族文化因子，木里、盐源就是明证，外形以木楞房为主，布局为"四水归堂"，形制为正房三开间，左右厢房为二层楼木楞房，正房对面是木楞房养牲畜，围成一个院落。正房供奉"天地君亲师"牌位，与少数民族信仰有着本质区别。坝区"汉多夷少"地区以汉式民居为主。盐源、木里、丽江坝区民居以汉式"三房一照壁"为主，受云南汉族民居影响明显。

第四节　三地汉族民居与周围少数民族民居交融的特点

民族融合是一个复杂的问题，为各种因素综合作用的结果。民族杂居，拥有共同生活地域是民族融合发生的前提条件。以滇东、黔中、川西南为例，从明清时向西南大规模进行汉族移民开始，民族融合现象从未停止。文化一经接触，文化涵化随即发生。三地汉族民居融合为双向，大量少数民族民居文化融合于汉族民居，又有部分汉族民居文化融入当地民族

① 熊明. 永宁地区摩梭人民居建筑研究 [D]. 北京：北方工业大学，2012：51-57.

民居的情况发生。无论如何变迁，汉文化一直处于主导地位。三地汉族民居与周围少数民居交融具有如下特征：

一、民居交融呈现层次性特征

从汉族民居融合少数民族民居程度看，交融呈现不平衡性和递减性。盐源长柏乡、木里项脚乡受到周围少数民族民居的影响，汉族民居以木楞房为主，宣威杨柳乡、冕宁宏模乡所受影响次之，安顺九溪村所受影响最小。明代滇东"一颗印"是彝族土掌房结合汉式民居的一种变体，杨柳乡采用"一颗印"民居样式，体现出"一颗印"民居强大的生命力；盐源、木里山区由于自然和人文等因素的制约，民居体系以木楞房体系为主；九溪村汉族民居很少受到周围少数民族的影响，体现出屯堡民居的强势性，清代迁入贵州的汉族也大多仿造屯堡石头房子。由此可见三地汉族民居交融的不平衡性和递减性。

从少数民族民居汉化的程度看，滇东地区少数民族民居基本已经汉化，杨柳乡采用"一颗印"民居模式，禄丰县傣族聚居区新村也以"一颗印"民居为主。安顺苗族、布依族民居恪守自己的民居传统，很少受到汉族民居的影响。盐源、木里山区由于气候、经济、地理人文环境的制约，木楞房处于强势地位，受到汉族民居的影响很小；盐源、丽江坝区民居由明代的木楞房演变成今天的汉族民居，其住宅建筑方面汉化程度在不断地加深，汉族合院民居占主导地位。总的来说，以汉化为主的民居融合为这一时期的主要特征。

二、民居交融呈现地域性特征

坝区和经济发达之地，汉族人口处于优势，民居样式也处于优势，被其他民族效仿。以云南汉族民居为例，云南汉族民居主要分布于滇中和滇北等经济发达之地，以大理、昆明为两个主要分布点，并沿着经济文化走廊"南方丝绸之路"与"茶马古道"方向延伸出去。这缘于两个原因：其一，只有历史上经济发达，当地居民才有可能主动接受先进的技术和文化，才有更多的选择可能性，如今云南汉族民居保留较多之地，历史上都是经济发达之地；其二，这些地方主要属于农耕地区，与中原的地理环境相差不大。民居文化的传播受自然环境的影响制约很大①。山区和经济、交通不发达地区,汉族人口处于劣势,此地为民居交融最为深入的地区,汉族民居多带有当地民居的特色,例如盐源、木里山区以当地的木楞房为主,坝区则以汉族的"三房一照壁"为主。

三、民居交融呈现复杂性特征

三地民居缘于居住地地形复杂、气候垂直分布明显、民族成分复杂、经济条件差距悬殊,民居类型呈现多元化,民居类型也更容易保留下来。明清时期,大量汉族植入云南。云南汉、白、纳西族融合南北建筑风格,形成抬梁式和穿斗式木结构的合院式民居,形成"三坊一照壁""一颗印"等汉式建筑民居。四川盆地则受到湖广移民民居影响,表现为穿斗式为主体的青卷瓦、木骨墙、坡顶建筑,木墙、土墙、石墙、砖墙等组成的民居。外观体现:木骨穿斗外露,以及"外封闭内开敞、大出檐、小天井、高勒脚、冷摊瓦"特征②,最终形成不同的民居文化圈,呈现多彩民居面貌③。就是同一种民居,在不同条件、不同区域也会展示不同特色。影响文化融合的因素有:各民族社会形态、文化背景、与外部接触的机会(条件)、各民族匠师的思想观念等。云南汉族合院式民居,与传统四合院比较,虽然共承一脉,但各有千秋,正所谓"相似中有变异,变异中有相同"。这是文化传播过程中因环境不同而产生的变异。在融合各种因素后,云南汉族合院式民居演变为建水"三间六耳下花厅"、石屏"四马推车"、大理和丽江地区"三坊一照壁""四合五天井"、滇中和滇东"一颗印"民居,充分展示了汉族民居民族性和地缘性特征。

各类汉族民居在空间布局上各有千秋,同时也是汉族心理情感、生活习俗的内在折射。从某种程度上说,民居演变过程其实就是人们心理情感和生活习俗的演变过程。民居作为显性符号,是民族精神和心理的集中体现。民族精神与心理调节影响着民居的发展和演变,体现为两点:①心理

---

① 赵慧勇. 合院式民居在云南的发展演变探析 [D]. 昆明:昆明理工大学,2005:34.

② 蓝勇. 中国西南地区传统建筑的历史人文特征 [J]. 时代建筑,2006 (4):28-31.

③ 管彦波. 中国西南民族社会生活史 [M]. 哈尔滨:黑龙江人民出版社,2005:76.

保守性，其在民居上的诠释就是排斥和拒绝异族文化介入，迫使一切新发现及变革很缓慢地朝着一个方向发展，此为民居保持长期稳定的原因。②心理趋同性，借鉴外来文化，与本土文化相结合，尤其是外来文化有较强优越性的时候，文化调适随之开启，甚至被同化。在此背景下，分析民居融合不能只停留在空间构成方面，更应该关注民居的内在含义。中国是一个宗法社会，讲究儒家伦理学说，此学说也被应用于民居建筑，在民居中体现了长幼有序、内外有别、男尊女卑、家庭和睦等道德观念。民居空间分布，讲究中轴线对称与礼学提倡的"尊者居中"思想相吻合，各单体建筑讲究装修、使用、大小与儒家的尊卑、贵贱、长幼等礼制思想一一对应，提倡崇祖祀神，建有家族或祖先祭祀的各种神祇，强调个体适应群体。诸如此类的内在含义都可以在"一颗印"民居、屯堡石头房子里得到诠释①。

西南地区汉族文化作为一种移民文化，经历了数百年的历史变迁，在周边异质文化的挤压下，一方面，坚守和保护来源地江南文化或湖广文化的某些特质，例如九溪佛事活动、冕宁祠堂文化、木里项脚晚清服饰、盐源长柏汉族丧葬文化。以杨柳乡小脚为例，杨柳乡小脚秉承着来源地江南、安徽等地的服饰文化因子，清代迁入杨柳乡的孔姓、陈姓、梁姓等受到杨柳乡小脚服饰影响，最终选择明代服饰作为自己的装扮范本。笔者采访的苏小兰，本来赶上了放脚运动，却被婆家嫌弃，被迫裹脚成为假小脚。程家媳妇董小武来自昆明，为了更好地融入族群，也被迫裹脚。冕宁宏模、安顺九溪、宣威杨柳乡三地都秉承明代具有江南特征的小袖子衣服。又如汉族移民作为农耕文化的成员，祖先崇拜植根于其内心深处，没有受到周围民族宗教的丝毫影响，家家户户设置"天地君亲师"牌位，在新居地修建祠堂和祖墓，落籍并扎根于西南地区。另一方面，在文化冲突中又积极吸收周边异质文化的因子，导致自身也发生了新的变异，以一种新的文化特征来呈现（即母源文化与异族文化经过融合而建构起的新文化），形成了具有新的含义、构成更为多元化的"孤岛文化"。笔者考察五个调查点的传统文化后发现，其汉族服饰，不仅具有现代服饰因子，也有

---

① 刘晶晶．云南"一颗印"民居演变与发展探析［D］．昆明：昆明理工大学，2008：32-34．

周围少数民族服饰因子，更有明清汉族传统服饰因子，形成了一个颇具地方特色的服饰文化。汉族服饰不是周围少数民族因子与汉族文化因子的简单结合，而是少数民族因子在汉族传统文化中发生变异、发展、创新，从而汉族服饰呈现出新的面貌。譬如九溪屯堡服饰，带有明显的来源地江南特征，经过本土化建构，选择大脚。"大脚妹"的存在受到两方面的影响：一为少数民族因子影响，二为生产劳动需求、社会风俗、自然环境等综合作用的影响，呈现为具有明代风格又独具屯堡特色的翘头绣花鞋。五个调查点的民居建筑、服饰文化、文化风俗等也有此类特点。孤岛文化的形成历史，在形成过程中所发生的坚守、吸取、变异和创新，为我们研究和理解汉族孤岛移民文化以及中国文化多元性的形成过程与机制、特质，提供了一个典型案例。

综上所述，滇东、黔中、川西南这三个区域由于其特殊的民族成分及地理区位而成为各种文化的交汇区，是文化交流碰撞最为激烈的地方。在此背景下，汉文化植入加速了西南民族地区的发展，也必然带来汉文化与其他各民族文化的相互涵化。历史的发展必然导致文化的传承和变迁，传承和变迁相互依存，既有变迁过程中的传承，也有传承基础上的变迁。在不同阶段、不同时期和不同民族关系中，汉文化与少数民族文化呈现不同程度的涵化和融合。这种涵化有汉族被少数民族影响的过程，同时也有少数民族吸收和接纳汉文化因子的过程，但是无论涵化进行得如何激烈，汉文化因子在五个点的服饰、民居中都被保留着，这是民族融合和文化变迁的必然选择。三地无论服饰还是民居的融合都是双向的，一方面有部分少数民族融合于汉族，另一方面又有部分汉族融入当地的少数民族，"汉化"为主的民族融合是明清时期的主要特征。三地交融有规律可循：①交融呈现不平衡性和逐步递减状态，盐源长柏乡、木里项脚乡受到周围少数民族的影响较大，宣威市杨柳乡、冕宁宏模乡次之，安顺九溪村所受影响最小。②坝区和经济发达地区"汉多夷少"之地，汉族因子被少数民族大量借鉴；反之，山区"夷多汉少"之地，少数民族因子被汉族大量借鉴。③民族杂居的地方，汉族人口与少数民族人口相比处于弱势的地方，交融越深入，文化面貌也更为复杂。无论怎样，汉文化一直处于主导地位，对周围少数民族形成辐射效应。同时应该注意，汉文化和少数民族文化两者缺一不可，互为补充和丰富，共同构建中华文明。

"认同"是一个心理学范畴，最早由弗洛伊德提出，指个人与他人、群体或者模仿人物在感情上与心理上的趋同过程。心理学上指个人在社会生活中与某些人联系起来并与其他一些人区分开来的自我意识。王希恩指出，"民族（族群）认同即是社会成员对自己民族（族群）归属的认知和感情依附"①。李远龙指出，"族群认同是以族群或种族为基础，以区别他群与我群，是在同他族他群交往过程中对内的异中求同及对外的同中求异的过程"②。当人们不与外界交往和接触时，不可能形成我族与他族的区别，自然也不会产生族群依附感。但是一旦与外界交往和接触，民族认同感就自然而然地产生了。因此，民族之间的交往是民族认同发生的前提条件。明清时期，大量汉族植入满地"蛮夷"的西南地区，在与周围少数民族的交往中，非我族的语言、价值观、习俗等激发了三地汉族的族群认同感和归属感，再加上当时汉族与周边少数民族存在着资源争夺等矛盾，在一定程度上激发了汉族群体的认同感和归属感，我族与他族的区别在不断加强。族群归属感是形成族群内聚力的主要动力，有助于群体的稳定以及群体传统文化的保持和继承。族群认同感一旦产生，便会影响其生活习惯和风俗，如服饰、民居和祠堂等汉族的传统习俗，在一定程度上维护了汉族传统习俗的稳定和传承③。

明清时期三地的汉族移民分布格局奠定了今天三地汉族分布格局的基础，为民族交融奠定了地域基础。民族杂居导致共同地域的形成，从而形成共同的经济生活、共同的语言和共同的生活习惯等，此为导致民族融合的决定性因素。各民族文化交融所经历的一个发展路线：民族迁徙→打破民族地界→民族杂居→民族经济、文化交往→语言融合→生产生活方式趋同④。导致这一结果的因素很多，如政治、经济、文化、教育、民族构成、宗教、习惯等。归纳起来，主要有四条：其一，汉式服饰和民居本身所具

① 王希恩. 民族认同与民族意识 [J]. 民族研究，1995（6）：17-21.
② 李远龙. 认同与互动：防城港的族群关系 [M]. 南宁：广西民族出版社，1996：46.
③ 王丽艳. 昆明地区汉族传统服饰文化研究 [D]. 北京：北京服装学院，2011：50.
④ 王丽艳. 昆明地区汉族传统服饰文化研究 [D]. 北京：北京服装学院，2011：47.

有的相对先进性和广泛适应性；其二，政治一体化追求所引起的建筑、服饰上的一体化反应；其三，少数民族趋同心理和汉族移民认同心理的各自作用；其四，一定技术、经济基础的支持①。

　　无论是从汉族发展的角度，还是从汉族服饰、民居等方面与少数民族交融的角度，这一格局都是长期历史发展的必然结果。

---

① 蒋高宸. 云南民族住屋文化［M］. 昆明：云南大学出版社，1996：63.

第五章　三地汉族传统民居
文化变迁的原因分析

第一节　三地汉族民居的特色比较

　　川西南木里项脚乡、滇东曲靖松林乡、黔中安顺九溪村屯堡的汉族民居，既有地域性特征，也有民族性特点，还有民族外化的特征。如图 5-1 所示，三地民居经历了 600 多年的演化，民居的文化变迁既有交融也有变异，但是整体上以汉文化为主导。本节拟从建筑风格、民族融合两方面进行比较分析。

图 5-1（a）　木里项脚乡汉族民居

图 5-1（b） 曲靖松林乡"一颗印"建筑

资料来源：百度网。

图 5-1（c） 安顺九溪村屯堡民居

资料来源：百度网。

图5-1（d） 安顺九溪村屯堡民居巷道

图5-1 三地汉族民居风貌

一、建筑风格对比

从建筑风格来看，三地的汉族民居外形各异并各具特色，从明代到民国时期，盐源、木里、永宁一带由于受到土司、土官禁止百姓修建瓦房的限制，该地区的山地民居，无论是住房还是牲畜圈，都是木楞房。当然，现在用瓦做屋顶的正越来越多。滇东曲靖龙华民居以"一颗印"为主。关于云南"一颗印"民居的来源一直存有争议，部分人认为是中原汉族合院式民居的一种变体，部分人认为是云南当地民居的一种创新形式，即本地土掌房民居受汉族民居建筑风格影响而形成的产物。"一颗印"民居集中出现于昆明、滇南、通海、建水、玉溪、曲靖、楚雄、陆良和宣威等地。其正房前面一般设有正门，也可设为倒座或屏风。倒座的进深由经济情况决定，一般为八尺进深。倒座空间很矮，正房较高以体现其主导地位。天井较为窄小，面积大概是 3 米×4 米。狭小的天井避免了阳光直射，起到了改善微环境的作用，同时节省空间，形成紧凑、内敛、遮阴的居住环境。为安全起见，房屋向外不设窗户，一般在院落内面开窗，从天井采光，突出其封闭性。昆明部分民居由于土地有限，没有办法建立倒座，一般设置入户大门，并无进深，出现"三间四耳倒八尺"或"三间四耳"的类型，体现了灵活性①。作为汉族民居的亚型，安顺九溪屯堡民居室内装饰和承重结构沿袭了江淮汉式民居的特点，民居主要以木头、随处可见的石头作为主要建筑材料，建筑结构多为穿斗或穿斗抬梁混合式木结构，延续了汉族民居中上下有别、尊卑有序的等级建筑观念。

二、民居融合方面比较

从汉族民居融合少数民族民居程度来看，滇东的"一颗印"民居受到少数民族民居的影响很小，滇东的"一颗印"（以中原汉族合院民居作为模板，借鉴当地彝族的三开间土掌房的特点而成）后来发展成一种两端带羊角厦的半围合式民居，最后发展成今天的"一颗印"民居。周围的回族、蒙古族民居大多也采用"一颗印"民居样式，表现出对"一颗印"民居的屈从，再次体现出"一颗印"民居强大的影响力。安顺九溪村汉族民居几乎很少受到周围少数民族民居的影响，体现出屯堡民居的强势性，清代迁入贵州的汉族也仿造屯堡石头房子。木里项脚一带的汉族民居受到当地木楞房的影响很大，多以木楞房为主。盐源、木里山区一带受到自然条件和人文等综合因素的影响，民居的体系由木楞房体系向坝区汉族民居体系转变，出现混搭的局面。从少数民族民居汉化的程度来看，滇东一带少数民族的民居基本已经汉化，龙华地区的彝族民居基本上已经是"一颗印"模式，又如禄丰县的傣族聚居区新村都是"一颗印"民居。安顺苗族、布依族民居恪守自己的民族传统，很少受到汉族民居的影响。盐源、木里山区一带由于气候、地理、经济、人文环境的影响，当地彝族民居处于强势地位，受到汉族民居的影响很小，以木楞房为主。盐源、木里坝区的汉族民居由明代的木楞房演变成今天的汉族民居，其住宅建筑方面汉化

---

① 李伟."一颗印"的适屋性研究：富民红印庄园设计与建造为例［D］. 昆明：昆明理工大学，2016：6-8.

程度在不断地加深，汉式合院民居占主导地位。总的来说，以汉化为主的民居融合是这一时期的主流。

第二节　三地传统民居的特征

西南地区一直以"中国民居的博物馆"著称，大部分民居类型在西南地区可以找到范本，体现出民居文化的多元性和多彩性。三个个案地区民居具有以下五个特征：

一、地域性特征

西南民族地区是我国地形地貌最为复杂的一个地区，各种地貌交错分布，地形起伏大，垂直变化明显，地势高度相差明显，地形以山地、丘陵、高原为主，同时又夹杂着一些山间盆地和坝子，汉族民居的分布呈现出空间水平分布的规律性，又存在立体分布的规律性，有着显著的地域性特征。例如笔者考察的贵州汉族民居多分布于经济发达、文化交流频繁的地方，即交通要道附近。同时汉族民居分布与移民路线、贸易路线、军事战略路线密切相关。云南汉族民居分布集中在经济文化比较发达的地区，比如滇东、滇中一带与旧时的"南方丝绸之路""茶马古道"相互吻合，此线沿途都是经济发达之地，汉族民居多分布于此。但是值得注意的是，滇西北地区受青藏文化的影响，多以藏式民居为主；滇南受到东南亚文化的影响，以干栏式建筑为主；盐源、木里山区一带受到当地少数民族民居的影响很大，汉族民居以木楞房为主；冕宁坝区受到川西平原民居的影响大，汉族民居以汉族的四合院为主；而靠北的金沙江河谷一带受彝族民居的影响大，汉族民居以土掌房为主。总体上来看，坝区和经济发达的地区，即"汉多夷少"地区，汉族人口处于优势，民居也处于优势而被其他民族效仿；山区和经济、交通不发达地区，即"汉少夷多"之地，汉族人口处于劣势，此地为民居交融最为深入的地区，汉族民居多带有当地少数民族民居的特色，例如盐源、木里山区一带，主要以当地的木楞房风格的房屋为主，坝区则以汉族的"三房一照壁"为主。

二、实用性特征

三个区域民居的实用性功能主要表现在抗风、军事防御、抗震、除湿等方面。例如笔者考察曲靖龙华的"一颗印"民居,其"实用性"特征主要表现在三个方面:其一,"一颗印"民居多建有二层楼,一楼和二楼之间没有设置任何的走廊,这样容易形成一个密闭的空间。这主要缘于滇东常刮大风,这样一个密闭的空间有效地分解了强劲的风力。此外,由于云南地处高原,日照强烈,地面水汽蒸腾,而且地面遮挡较多,不利于通风散热,故二楼成为人居首选。再者,云南多山地地形,明代以后人口不断增加,人多地少的矛盾突出,而"一颗印"样式的房屋占地少,能够很好地解决当地人口稠密与用地紧张的矛盾,可以有效利用土地资源,体现了实用性的特征。其二,云南地处地震带,"一颗印"一般采用夯土墙,夯土内要放些容易找到的稻草、竹子等,起到稳固作用。同时采用木构架的土木结构,而且二楼空间比一楼矮(当地称为"闷楼"),重心向下压,在发生地震的时候,房屋不容易倒塌,体现了滇东民众的智慧。其三,从房屋的空间来看,滇东人民善于利用室外空间,游春就是一例。天井内聚性很强,形成了紧凑、内聚、阴凉、亲切的居住空间特点,表现出对庭院空间境界的侧重,而放松了对于建筑自身体量的展露[①]。又如安顺屯堡民居的军事防御功能主要体现在屯堡聚落的布置上。屯堡聚落一般都设置寨门、寨墙、碉楼等军事建筑,九溪村也不例外。九溪民居全部采用石材作为建筑的主要材料,建有围墙,整个民居坐落在石头砌成的围墙里,围墙一般宽为1米到1.5米,方便打仗时士兵通过围墙互相支援。其次体现在屯堡的平面布局上。九溪寨子的街道都由一个个院落分割而成,有大、中、小巷之分,还搭配有很多死胡同,如迷宫般曲折。置身于屯堡村落中,外地人一般很难辨清东南西北。木里山区气候寒冷,而木材取材方便,保湿性能也较好,木楞房就自然而然地成了当地传统的民居建筑形式。加之木楞房在抗震方面具有"屋塌房不倒"的优势,在地震多发区的木里项脚一带非常实用。

---

① 刘晶晶. 云南"一颗印"民居演变与发展探析 [D]. 昆明:昆明理工大学,2008:16-17.

三、血缘性与地缘性特征

学者对移民文化孤岛内部结构关系一般有两种观点，一种认为是以血缘为关系的宗法制度，另一种认为是血缘性与地缘性的结合体。笔者以曲靖沾益松林乡胡家屯为例进行分析：①以宗族制度为中心的聚落。胡家屯以胡姓人家为主，已经繁衍27代人。祠堂建立于村边，主要和当地的寺庙组合在一起，在进行佛教活动的同时祭祀祖先，有利于宗族关系的整合和维持。宗族关系以血缘关系为主导，具有团结性和组织性。但是这样的情况在云南极少发生。②在血缘基础上发展为以地缘为主的集团。比如曲靖河西村，建村之初主要有三大姓氏李、周、张，清代宋、陈两个姓氏陆续迁入，形成几大姓氏共同生活的格局。滇东大多数村落属于这种情况。曲靖龙华村最初为军屯、民屯移民迁入，主要为张姓、许姓、汪姓和蔡姓等，集中于太平蔡家山。后来随着人口的增加，建立水沟儿，清代时避难、做生意等原因迁入的移民，演变成后来的柴家村、许家山、瓦中桥等片区，形成"村中有村、堡中有堡"格局。龙华村落的形成正好演绎了龙华由以前的血缘关系向地缘关系转变的个案。四个片区，对外相互依靠，遇到紧急情况相互支援。但是对内有所区别，主要表现在产业方面。自然条件最好的瓦中桥主要从事农业生产；自然条件最差的许家山主要从事商业，并逐渐富裕起来，从而具有商业区的一些特征。四个片区各自独立设有自己的城门、庙宇和坝子，在空间上明确划分，最近几年修了路相连通，但是整体上来看，没有形成整体的一块①。又如木里项脚阿牛窝子村，大约30户人家全为汉族，主要为宋、郭、刘、袁、王五姓，大家互相开亲，基本互相是亲戚，并沿着村中的小河上游居住，聚族而居。

四、多元性特征

蓝勇教授认为："从历史地理角度看，在各个时期，由于相似的地理环境，不同民族也可以选用相似的民居类型。"曲靖龙华的民居在前文已经有了很好的解读。龙华地区处于少数民族集中区，自古以来就与彝族、

---

① 王海宁. 屯堡第一村：九溪的聚落形态研究 [J]. 新建筑，2008（5）：68-72.

回族有着渊源，随着长期的频繁交往，文化的相互渗透是不可避免的。又如屯堡民居多为合院式民居，而贵州少数民族民居很少有合院式，与周围少数民族民居有着巨大的差距，体现出屯堡与当地民族民居上的"各自恪守"。但是在长期共同生活的过程中，相互的影响和借鉴是难免的，表现在细微之处，例如屯堡院落都配有一个下面养牲畜、上面居住或作为杂物间的高脚间，带有干栏式建筑的遗风。这是屯堡民居和贵州当地少数民族民居融合的例证之一。木里山区摩梭人民居和汉族民居的交融最为深入。笔者调查发现，木里项脚汉族民居几乎都以木楞房为主，布局为"四水归堂"的民居，即正房为汉族的三开间，其他左右厢房是二层楼的木楞房，正房对面的木楞房养家禽，围成一个院落，但是正房一般都供奉"天地君亲师"牌位，这和少数民族的信仰有着根本区别。综合而言，自然条件闭塞、交通不发达之地，民居的类型呈现多元化趋势，传统民居的类型也就更容易保留下来。西南民居这种小区域多类型、大区域大类型、多类型多样式的特点，构成了丰富多彩的民居文化，形成了不同的民居文化圈。

五、就地取材特征

三个地区汉族民居的突出特点为就地取材。就地取材是建筑民居最重要的一个原则。材料是营造之本，尤其是民居这种被广泛使用的建筑类型，更加考虑材料的经济性，在古代交通运输困难，经济水平低的情形下，尤为重要。对于建筑房屋而言，最大限度地发挥当地材料的物质性是首先要考虑的因素，例如藏族和羌族，除了碉楼之外，生活于林区而多为木板房，生活于河谷地带，采石方便则多为石碉楼，而生活于缓谷地区，石料少则多为土屋；最为典型的是滇南气候湿润，多以吊脚楼为主，这与当地盛产竹子是分不开的。川西南山区多为木楞房，就是因为当地林木众多。贵州安顺的民居多以石碉房为主，无论是布依族盛行石碉房，还是汉族屯堡民居都采用石头建房子。屯堡民居建筑材料方面，就地取材采用当地石头，应用于屋身、墙身、台基、铺台以及各类石头制成的物件。屯堡建筑一般选用石灰岩砌筑墙身，石料一般厚达十厘米，根据石料形状和砌砖方式分为：石砌筑类、乱石砌筑类和块石砌筑类。又如台阶铺设，具有装饰性、抗潮湿和防雨水的功能。台基的高度大约 35 厘米，基本与普通成人膝盖平行，可充当休闲时的座位，具有实用性。此外，还有用石料制作的各类生活用具，如石缸、石磨、石钵（播）、石桌、石凳、石地面等，无不与石头有着密切关系，体现出屯堡建筑人与自然的和谐统一。平坝地区如曲靖、大理、丽江，多为"一颗印"或者四合院为主的地面式建筑。

第三节　对三地民居形成原因的讨论

滇东、黔中、川西南三地汉族民居横向看地域特征突出，纵向看各具特色。三地民居的分布与变迁，为多种因素综合作用的结果，诸多因素影响具有不均衡性，在某个时期某个因素占主导作用，随着时代的变迁，其他因素又会凸显出来，体现更替性及变化性。总体来说，体现了"适者生存"原则。透视三地民居的变迁情况，还需对影响民居分布的原因进行深层次探讨，其影响因素包括自然环境、地域、经济条件、外来影响等。笔者结合上文论述及实地考察，对影响三地民居分布因素进行分析，主要有以下几点：

一、自然环境是制约民居变化的主要原因

自然环境是制约三地民居变化的主要原因。建筑材料的选择、技术手段的运用、房屋的结构都与当地气候密切相关，甚至民居的空间布局也受气候的影响，以达到隔热、走水、防风、抗震、除湿的效果。①民居建筑在防风方面的考虑。川西南和滇东地区风大干燥、日照强烈，导致两地的窗户开得高而小或少窗，以减少进风量。又如云南的屋顶结构为木梁柱构架承重，屋架部分多用抬梁式和穿斗式，常用五架或七架，用砣磴代替瓜柱的目的就是增加上下梁的接触面，使屋顶更加稳定，从而增强建筑的抗风能力。滇西北迪庆地区垂直气候特征显著，山上为高寒气候，山下为干热河谷气候，昼夜温差大，土掌房具有隔热保温之优势，因此被广泛运用。②在防震方面的考虑。云南为地震多发区，房屋自然要能抗震。"一

颗印"民居抗震性能极佳。首先，其体量小，呈现"口"字形，四面房屋首尾相连成为一体，具有较强的整体结构牢固性和稳定性；其次，层高较低（特别是二层）使重心下降，增加稳定性，诸如此类都是适应地震地区生活的产物①。

二、地域条件是影响民居变化的重要原因

地域条件是影响三地民居变化的重要原因。川西南地区自古就是"南方丝绸之路"和"茶马古道"的交通枢纽，秦汉以来，曾有数条道路自蜀中通往印度及东南亚各地。川西南地区成为一个多方文明延伸的交汇点，东亚温带和亚热带季风区、青藏高原区、南亚和东南亚热带季风区的文化在此交汇。从佛教地理看，此地为汉传佛教、藏传佛教和南传上座部佛教文化交汇区，经过上千年的交融和碰撞，此地民族具有高度发达的物质文化和高度的开放精神②。宣威市杨柳乡、木里项脚乡、盐源长柏乡汉族在思想观念上比较开放，积极吸收周边民族文化因子，在民居上的演绎就是交融。三地民居变迁，地域发挥了重要作用。清代以来，木里项脚乡、盐源长柏乡汉族与彝族、藏族等民族杂居，民居上相互融合，形成"你中有我，我中有你"格局，究其原因，缘于当地少数民族是强势文化，客观上产生了民居民族化趋势。宣威杨柳乡汉族无论在经济、文化还是人口方面一直处于强势地位，先进的汉文化对当地少数民族有着巨大的吸引力，彝族民居呈现汉化趋势。明代，安顺九溪村屯堡属于强势势力，加之周围地理环境形成的天然屏障，与周围少数民族在民居上"各自恪守"自身特色。

三、经济形态是影响民居变化的基本原因

经济形态是影响三地民居变化的基本原因。有什么样的经济条件，就

① 刘晶晶. 云南"一颗印"民居演变与发展探析 [D]. 昆明：昆明理工大学，2008：19-30.

② 毛刚. 生态视野：西南高海拔山区聚落与建筑 [M]. 南京：东南大学出版社，2003：7.

有什么样的民居，经济状况对民居有决定性作用。冕宁宏模乡、宣威市杨柳乡和安顺九溪村的汉族民居所处之地皆为经济条件优越的平坝地区。合院式民居规模的大小，主要由居住者的经济条件和当地的居住环境所致，有着多变的弹性机制。明以后大量汉族植入云南，人地矛盾突出，"一颗印"民居样式虽有其成熟定式，但是受经济条件、地形条件制约，形制上可以调整为三间二耳、三间四耳、"半颗印"等模式。盐源、木里山区现存的木楞房表明，尽管木头等建筑材料在防腐、防火等方面存在着功能缺陷，但仍被木里、盐源山区人民广泛使用，最为重要的原因就是其经济实惠，表现出越是经济条件差的地方就越依赖自然条件的特征。这些地方的木材遍地都是，相应的建筑技术也容易被人们掌握，可以快速、便捷而经济地解决建造民居建筑所需的建筑材料供给问题。此外，民居的材料运用、工艺手法、装饰等差异明显，或精或粗，或简或繁，都成为居住者经济实力和等级的体现。

四、生活习俗是民居变化的辅助原因

生活习俗是人们在日常生活中世代沿袭和传承的习惯性行为模式，生活习俗是民居变化的辅助因素。稻作民族由于生产的需要，需要堆放粮食和饲养家畜，其所处地区通常都很潮湿，干栏式建筑便应需而生了。干栏式建筑通常一楼放置工具和养家畜，二楼住人。川西高原藏族多为碉楼，而牧区多为土屋，就是顺应游牧生活的需求，其一方便迁徙，其二花费较少。又如云南的合院式民居，滇中、滇东和丽江坝子气候温暖，适宜户外活动，"一颗印"和"三房一照壁"民居普遍屋厦深大，目的就是满足人们对户外活动的需求，夏季在这里可以躲避太阳的辐射，冬季在这里又可比室内更易获得阳光，人们喜欢在这里起居歇息、操作副业等。有的建筑甚至室内与室外自然环境之间没有任何门窗阻隔，使人与自然环境可以亲密接触。安顺九溪村屯堡人由于民俗活动的需要，聚落中设有公共活动场所，如聚落中比较大的室外空地，空间功能形式多样化，农闲时可以在这里表演地戏、抬亭子等，晚上又可在这里纳凉及相互交流。

五、外来影响是民居变化不可忽视的原因

魏、晋、南北朝和隋、唐时期，关中平原至黄河下游地区是中国的政治经济中心，四川平原地区建筑受中心文化的辐射，民居建筑结构以抬梁式为主，呈现北方秦陇文化的特色。元、明、清以后"湖广填四川"，四川民居建筑演变成以穿斗式民居为主。四川盆地有碉式建筑的出现，有的学者指出其受客家土楼文化影响，这与客家移民进入有关。云贵民居多以江南民居为蓝本，明代主要以江南籍移民为主，故具有南北民居特色。尽管在最初的阶段，在接受新事物时期，少数民族自身的文化心理定式对新事物产生怀疑和冲突、抵抗现象，但是借鉴和吸收外来文化是少数民族发展的必然趋势。西南地区历史悠久，自古建筑文化就与中原有着渊源关系。中原建筑文化在西南的传播，不同程度地与西南各少数民族的需求及传统相结合，主要有两方面原因：①中原建筑比西南地区本土建筑更具先进性和优越性，西南少数民族有着认同感，如滇东本土民族心理趋同汉族民居，彝族、回族民居已经汉化；②先秦时形成的儒家文化成为汉族传统的伦理道德标准和民族文化心理结构，对少数民族有种"礼乐教化"的责任。在此背景下，"改土归流"为最直接的体现。历经元、明、清三代历史变迁，随着汉文化的深入推进，汉族民居体系在云南部分地区已经发展成熟，"一颗印"民居样式就是佐证①。此外，传统的宗教信仰、宗教文化、婚姻形态、风水观念等对民居影响深广，体现为民居建筑的内部布局。

总之，一个民族采用哪种民居类型，是长时间历史变迁调适的结果，与当地的自然环境、经济水平、传统文化密切相关。笔者以为：自然因素是其中最为重要的因素，人类选择民居样式的基础是适应环境、就地取材。其次才是舒适性。生产力水平越低、经济发展越缓慢的地方，对自然环境的依赖程度就越高；相反，经济发达、交通方便的地方，其建筑往往

---

① 刘晶晶. 云南"一颗印"民居演变与发展探析 [D]. 昆明：昆明理工大学，2008：32.

形成多元化的趋势①。西南地区地理环境复杂、宗教信仰多元化、文化丰富，其民居类型也丰富多样，是西南原生态民居的"博物馆"。今天，由于自然环境变化和现代文明的冲击，西南民居从外部形式到内部结构都发生了变化，很多古镇被毁，大量传统民居被拆除，一座座模式化的现代住宅小区拔地而起。因此，研究西南地区传统建筑对现代的建筑学研究具有一定的理论和实践意义，同时对传统建筑文化遗产保护具有一定的借鉴意义②。

---

① 杨林军. 明至民国时期纳西族风俗文化地理研究 [D]. 重庆：西南大学，2012：250.

② 蓝勇. 中国西南地区传统建筑的历史人文特征 [J]. 时代建筑，2006 (4)：28-31.

参考文献

一、著作类

［1］任映沧. 大小凉山开发概论［M］. 成都：四川民族出版社，1947.

［2］吴晗. 读书札记［M］. 上海：生活·读书·新知三联书店，1956.

［3］谢国桢. 明代社会经济史资料选编［M］. 福州：福建人民出版社，1980.

［4］梁方仲. 中国历代户口、田地、田赋统计［M］. 上海：上海人民出版社，1980.

［5］西南民族研究学会. 西南民族研究［M］. 成都：四川民族出版社，1983.

［6］尤中. 中国西南民族史［M］. 昆明：云南人民出版社，1985.

［7］《凉山彝族自治州概况》编写组. 凉山彝族自治州概况［M］. 成都：四川民族出版社，1985.

［8］《木里藏族自治县概况》编写组. 木里藏族自治县概况［M］. 成都：四川民族出版社，1985.

［9］编写组. 四川省阿坝州藏族社会历史调查［M］. 成都：四川省社会科学院出版社，1985.

［10］史继忠. 贵州文化解读［M］. 贵阳：贵州教育出版社，1986.

［11］田方，陈一筠. 中国移民史略［M］. 北京：知识出版社，1986.

［12］李埏. 中国封建经济史研究［M］. 昆明：云南教育出版社，1987.

［13］李埏，武建国. 中国古代土地国有制［M］. 昆明：云南人民出版社，1987.

［14］编写组. 四川、广西、云南彝族社会历史调查［M］. 昆明：云南人民出版社，1987.

［15］编写组. 四川省纳西族社会历史调查［M］. 成都：四川社会科学出版社，1987.

［16］方国瑜. 中国西南历史地理考释［M］. 北京：中华书局，1987.

［17］丽江纳西族自治县志编纂委员会. 丽江志苑（1-7 辑）［M］. 丽江：丽江纳西族自治县志编纂委员会办公室，1988.

［18］李小林，李晟文. 明史研究备览［M］. 天津：天津教育出版社，1988.

［19］李龙潜. 明清经济史［M］. 广州：广东高等教育出版社，1988

［20］杨兆钧. 云南回族史［M］. 昆明：云南民族出版社，1989.

［21］杨毓才. 云南各民族经济发展史［M］. 昆明：云南民族出版社，1989.

［22］江应樑. 中国民族史［M］. 北京：民族出版社，1990.

［23］四川省民族研究所. 四川少数民族人口分析［M］. 成都：四川民族出版社，1991.

［24］王刚. 大清历朝实录：四川史料（上卷）［M］. 成都：电子科技大学出版社，1991.

［25］葛建雄. 中国移民史［M］. 福州：福建人民出版社，1991.

［26］丁世良，等. 中国地方志民俗资料汇编（西南卷上）［M］. 北京：书目文献出版社，1991.

［27］葛建雄，曹树基，吴松第. 简明中国移民史［M］. 福州：福建人民出版社，1993.

［28］白庚胜，桑吉扎西，杨福泉，等. 纳西文化［M］. 北京：新华出版社，1993.

［29］安顺市政协. 安顺文史资料（内部资料）［M］. 1994.

［30］四川省盐边县民族事务委员会. 盐边县少数民族志［M］. 成都：四川民族出版社，1994.

［31］尤中：云南民族史［M］. 昆明：云南大学出版社，1994.

［32］方国瑜. 方国瑜文集：第一集［M］. 昆明：云南教育出版社，

1994.

[33] 郭大烈，和志武. 纳西族史 [M]. 成都：四川民族出版社，1994.

[34] 《木里藏族自治县志》编纂委员会. 木里藏族自治县志 [M]. 成都：四川人民出版社，1995.

[35] 贵州省民族研究所. 贵州民族调查（内部资料）[M]. 1995.

[36] 王春瑜. 明清史散论 [M]. 北京：东方出版中心，1996.

[37] 林超民. 新松集 [M]. 昆明：云南大学出版社，1996.

[38] 四川勘察设计协会. 四川民居 [M]. 成都：四川人民出版社，1996.

[39] 周振鹤. 中国历史文化区域研究 [M]. 上海：复旦大学出版社，1997.

[40] 仰光. 凉山经济地理 [M]. 成都：四川科技出版社，1998.

[41] 蓝勇. 西南历史文化地理 [M]. 重庆：西南师范大学出版社，1998.

[42] 蓝勇. 古代交通生态研究与实地考察 [M]. 成都：四川人民出版社，1999.

[43] 陆韧. 变迁与交融——明代汉族移民研究 [M]. 昆明：云南教育出版社，2001.

[44] 林会承. 先秦时期中国居住建筑 [M]. 台北：六合出版社，1984.

[45] 刘叙杰，等. 中国古代建筑史：第1-5卷 [M]. 北京：中国建筑工业出版社，2009.

[46] 李绍明. 李绍明民族学文选 [M]. 成都：成都出版社，1995.

[47] 贾大泉，陈世松. 四川通史：卷1 [M]. 成都：四川人民出版社，2010.

[48] 石硕. 藏族族源与藏东古文明 [M]. 成都：四川人民出版社，2001.

[49] 斯心直. 西南民族建筑研究 [M]. 昆明：云南教育出版社，1992.

［50］侯幼彬.中国建筑美学［M］.哈尔滨：黑龙江科学技术出版社，2009.

［51］蓝勇.四川古代交通路线史［M］.重庆：西南师范大学出版社，1989.

［52］季富政.四川民居散论［M］.成都：成都出版社，1995.

［53］梁思成.中国建筑史［M］.天津：百花文艺出版社，2005.

［54］陆元鼎，潘安.中国传统民居营造与技术［M］.广州：华南理工大学出版社，2002.

［55］中华人民共和国住房和城乡建设部.中国传统民居类型全集［M］.北京：中国建筑工业出版社，2014.

［56］杨廷宝，戴念慈.中国大百科全书：建筑、园林、城市规划［M］.北京：中国大百科全书出版社，1988.

［57］蔡凌.侗族聚居区的传统村落与建筑［M］.北京：中国建筑工业出版社，2007.

［58］戴志忠，杨宇振.中国西南地域建筑文化［M］.武汉：湖北教育出版社，2003.

［59］毛刚.生态视野：西南高海拔山区聚落与建筑［M］.南京：东南大学出版社，2003.

［60］祖友义.中国民居［M］.北京：北京科学技术出版社，1991.

［61］陈从周，潘洪营，路秉杰，等.中国民居［M］.上海：学林出版社，1993.

［62］何贤武，王秋华.中国文物考古辞典［M］.沈阳：辽宁科学技术出版社，1993.

［63］陆元鼎.民居史论及文化［M］.广州：华南理工大学出版社，1994.

［64］汪之力.中国传统民居建筑［M］.济南：山东科技出版社，1994.

［65］汪丽君.建筑类型学［M］.天津：天津大学出版社，2005.

［66］伍精忠.凉山彝族风俗［M］.成都：四川民族出版社，1993.

二、学术论文类

［1］黄友良. 明代四川移民史论［J］. 四川大学学报，1995（3）：69-75.

［2］姜永兴. 保持明朝遗风的汉人——安顺屯堡人［J］. 贵州民族学院学报，1988（3）：57-62.

［3］桂晓刚. 试论贵州屯堡文化［J］. 贵州民族研究，1993（3）：78-84.

［4］徐君峰. 清代云南粮食作物的地理分布［J］. 中国历史地理论丛，1995（3）：12.

［5］理安民. 云南白、彝、纳西等民族的"衣尾"习俗探源［J］. 民族艺术研究，1995（5）：45-48.

［6］蓝勇. 明清时期云贵高原汉族移民的时间和地理特征［J］. 西南师范大学学报，1996（2）：5.

［7］蓝勇. 清代西南移民会馆名实与职能研究［J］. 中国史研究，1996（4）：11.

［8］康健. 明代云南民俗文化的地域差异［J］. 中国方域，1996（3）.

［9］吴必虎. 中国文化区的形成与划分［J］. 学术月刊，1996（3）：10-15.

［10］陆韧. 唐宋至元代云南汉族的曲折发展［J］. 民族研究，1997（5）：92-101.

［11］腾新才. 明朝中后期服饰文化特征探析［J］. 西南民族学院学报，2000（8）：132-138.

［12］李世愉. 清政府对云南的管理与控制［J］. 中国边疆史研究，2000（4）：8.

［13］王瑞平. 明政府对明初迁民的安置与管理［J］. 史学月刊，2000（5）：141-143.

［14］唐亮. 木里县项脚汉族调查报告［J］. 中华文化论坛：金沙江文化专栏，2002（2）：7.

［15］毛曦. 历史文化地理学的理论与方法［J］. 陕西师范大学学报，2002（3）：88-94.

[16] 周耀明. 族群岛：屯堡人的文化策略 [J]. 广西民族学院学报，2002（3）：46-50.

[17] 翁家烈. 屯堡文化研究 [J]. 贵州民族研究，2002（4）：68-78.

[18] 石应平. 盐源及泸沽湖地区汉族的来源 [J]. 中华文化论坛，2002（4）：5.

[19] 杨小柳. 一个处于区域性"少数民族地位"的汉族族群建构 [J]. 吉首大学学报，2002（9）：68-71.

[20] 丁柏峰. 明代汉族入滇与中国西南边疆的巩固 [J]. 青海社会科学，2003（1）：82-85.

[21] 郭红. 明代卫所移民与地域文化的变迁 [J]. 中国历史地理论丛，2003（2）：6.

[22] 孙兆霞. 屯堡乡民社会的特征 [J]. 中央民族大学学报，2004（2）：49-54.

[23] 范增如. 安顺屯堡分布格局及其成因 [J]. 安顺文艺，2003（2）.

[24] 蒋立松. 从汪公民间信仰看屯堡人的主体来源 [J]. 贵州民族研究，2004（1）.

[25] 郑哲雄，张健民，李俊甲. 清代川、湖、陕交界地区的经济开发和民间风俗之一 [J]. 清史研究，2004（8）：22-31.

[26] 吴羽. 屯堡文化的时空建构 [J]. 安顺师范高等专科学校学报，2004（7）：72-75.

[27] 张伟然. 中国历史文化地理研究的核心问题 [J]. 江汉论坛，2005（1）：99-100.

[28] 李晓斌. 清代云南汉族移民迁徙模式的转变及其对云南开发进程与文化交流的影响 [J]. 贵州民族研究，2005（3）：172-177.

[29] 林超民. 汉族移民与云南统一 [J]. 云南民族大学学报，2005（3）：106-113.

[30] 陆韧. 明朝统一云南、巩固西南边疆进程中对云南的军事移民 [J]. 中国边疆史研究，2005（12）：69-76.

[31] 谢国先. 明代云南各民族的社会生活 [D]. 昆明：云南大学，2005.

［32］左明星. 腾冲边陲移民聚落空间形态探析［D］. 昆明：昆明理工大学，2006.

［33］魏隽如. 明初山西移民保定的历史原因及其影响［J］. 河北大学学报，2006（6）：114-119.

［34］古永继. 从明代滇黔移民特点比较贵州屯堡文化形成的原因［J］. 贵州民族研究，2006（2）：56-62.

［35］廖杨，覃卫国. 关于族群关系、民族关系与社会关系的关系［J］. 黑龙江民族丛刊，2006（3）.

［36］陆韧. 明代云南汉族移民定居区的分布与拓展［J］. 中国历史地理论丛，2006（7）：74-83.

［37］严奇岩. 族群性和地域性：四川客家教育研究［D］. 重庆：西南大学，2007.

［38］徐雯. 屯堡服饰的文化记忆［J］. 饰，2009（1）：46-48.

［39］张勇，严奇岩. 浅析四川移民的两大族群及其文化类型［J］. 中华文化论坛，2009（1）：33-38.

［40］刘瑶瑶. 青海海西州汉族移民文化变迁及民族关系研究［D］. 兰州：兰州大学，2009.

［41］邓燕红. 安顺屯堡文化区域形成之历史考察［D］. 重庆：西南大学，2009.

［42］王丽艳. 昆明地区汉族传统服饰文化研究［D］. 北京：北京服装学院，2011.

［43］杨林军. 明至民国时期纳西族文化地理研究［D］. 重庆：西南大学，2013.

［44］赵逵. 川盐古道上的传统聚落与建筑研究［D］. 武汉：华中科技大学，2007.

［45］方志戎. 川西林盘文化要义［D］. 重庆：重庆大学，2012.

［46］郦大方. 西南山地少数民族传统聚落与住居空间解析——阿坝、丹巴、曼冈为例［D］. 北京：北京林业大学，2013.

［47］蔡燕歆. 洛带古镇的客家会馆建筑［J］. 同济大学学报，2008（1）：49-53.

[48] 王莺. 重庆传统民居适应气候的建造措施初探 [J]. 小城镇建设, 2002 (3)：57-60.

[49] 袁莉, 姚萍. 川南夕佳山民居的风水观与景园艺术 [J]. 小城镇建设, 2002 (3)：38-40.

[50] 罗谦, 等. 四川夕佳山民居"情景教育空间"的营造探析 [J]. 西南民族大学学报, 2006 (5)：158-161.

[51] 赵楷, 唐孝祥. 试论大邑刘氏庄园的建筑文化特征 [J]. 小城镇建设, 2008 (6)：81-84.

[52] 杨青娟, 张先进. 从大邑刘氏庄园看外来文化对中国建筑的影响 [J]. 华中建筑, 2001 (2)：9-11.

[53] 张清, 金惠民. 桃坪羌寨聚落景观与民居空间分析 [J]. 北京工业大学学报, 2002 (3).

[54] 楼庆西. 中国古村落：困境与生机——乡土建筑的价值及其保护 [J]. 中国文化遗产, 2007 (2)：10-29.

[55] 陈志华. 说说乡土建筑研究 [J]. 建筑师, 1997 (8).

[56] 蒙默. 试论汉代西南民族中的"夷"与"羌" [J]. 历史研究, 1985 (1)：11-32.

[57] 石硕. "巧笼"解读 [J]. 民族研究, 2010 (6).

[58] 唐光孝. 四川平武白马藏族、北川羌族村寨布局与建筑形式演变研究 [J]. 中华文化论坛, 2008 (2)：134-139.

[59] 路学书. 川西北的石碉文化 [J]. 中华文化论坛, 2004 (1)：6.

[60] 管彦波. 火塘：西南民族文化的传承场 [J]. 民族大家庭, 1997 (4)：14-16.

[61] 胡纹, 沈德泉. 岷江流域传统民居空间的模糊性 [J]. 建筑学报, 1998 (6)：56-66.

[62] 王纪武. 重庆地域传统人居形态及文化研究 [J]. 规划师, 2007 (5)：67-70.

[63] 周传发, 邹凤波. 三峡民居的建筑特色及其旅游开发初探 [J]. 资源开发与市场, 2008 (10)：910-913.

[64] 范霄鹏, 田红云. 乡土聚落营造中的人文共识：四川丹巴、道孚

藏族民居研究 [J]. 华中建筑, 2008 (9): 223-226.

[65] 郝占鹏, 解旭东, 索朗白姆. 多元文化背景下的四川碉碛藏式民居研究 [J]. 建筑科学, 2001 (7): 106-110.

[66] 罗丹青, 李路. 四川羌族民居中的院落空间 [J]. 华中建筑, 2009 (11): 153-155.

[67] 孙雁, 覃琳. 渝东南土家族民居的建造技术与艺术 [J]. 重庆建筑大学学报, 2006 (2): 21-23.

[68] 刘晓晖, 李必瑜, 李先逵. 渝东南土家族民居之基本形制及其智慧 [J]. 新建筑, 2007 (4): 35-38.

[69] 季富政. 氐人聚落与民居 [J]. 四川文物, 2003 (5): 50-53.

[70] 李天明. 川东院落民居的特点及历史文化内涵 [J]. 资源与人居环境, 2007 (3): 72-74.

[71] 王寿龄. 成都传统建筑探讨 [J]. 建筑学报, 1981 (1): 54-58.

[72] 王豫章. 成都清华坊 [J]. 建筑学报, 2005 (4): 47-49.